U0189944
THE SECRETS OF
CORAL REEFS
珊瑚礁里的秘密科普丛书

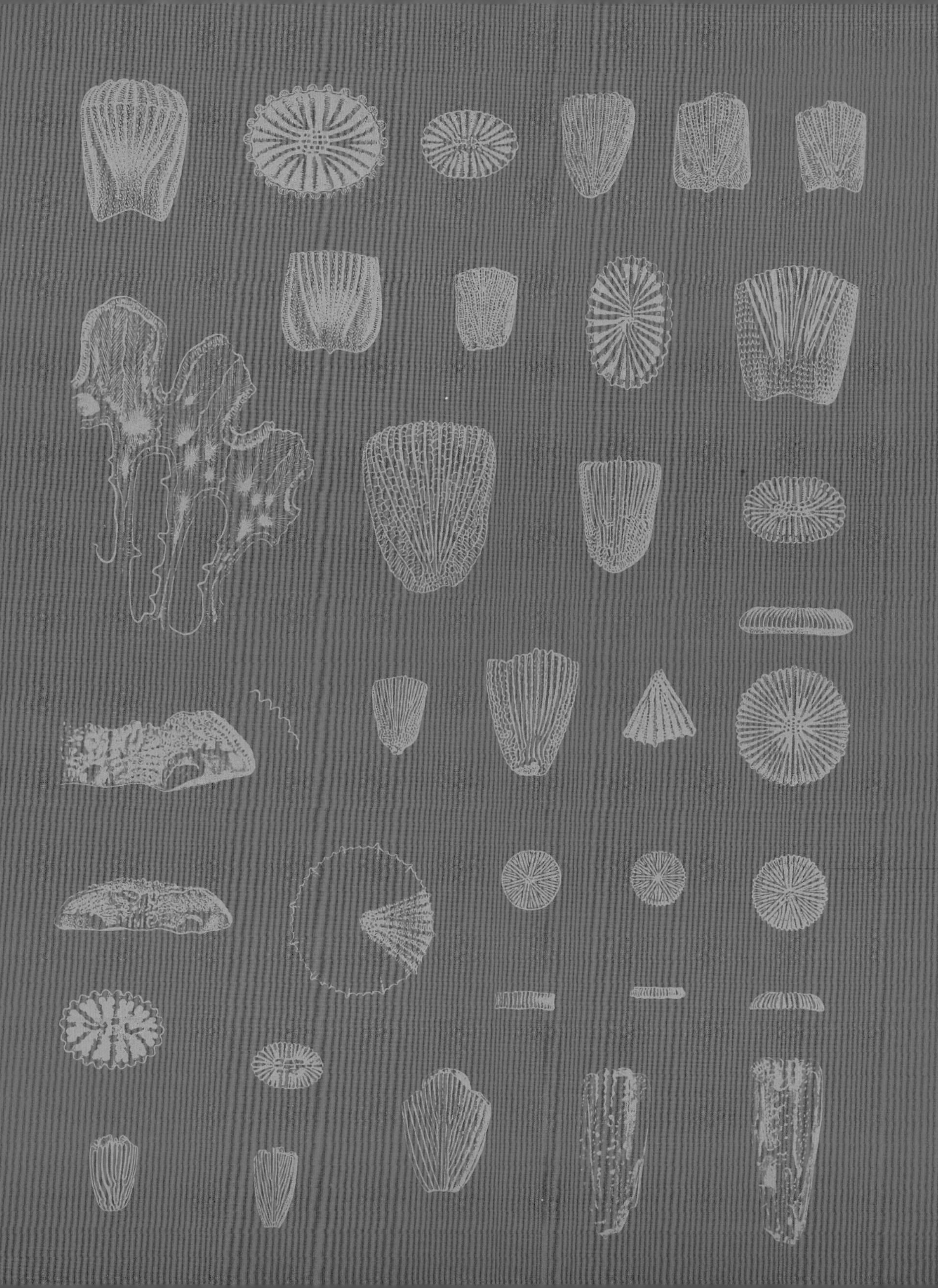

国家出版基金项目
NATIONAL PUBLICATION FOUNDATION

THE SECRETS OF
CORAL REEFS
珊瑚礁里的秘密科普丛书

黄　晖 **总主编**

探访珊瑚礁

盖广生 ——— **主编**

文稿编撰 / 陈一璇 张玥阳
图片统筹 / 孙宇菲 陈一璇

珊瑚礁里的秘密科普丛书

总前言 / Preface

在辽阔深邃的海洋中存在着许多"生命绿洲"，这些"生命绿洲"多分布在热带和亚热带的浅海区域，众多色彩艳丽的生物生活于此、繁荣于此、沉积于此。年岁流转，这里便形成了珊瑚礁生态系统。

这些不足世界海洋面积千分之一的珊瑚礁却庇护了世界近四分之一的生物物种，其生物多样性仅次于陆地的热带雨林，故被称为"海洋热带雨林"。

这里瑰丽壮观、神秘富饶，吸引着人们的目光。

本丛书将多角度、全方位地展示珊瑚礁里的世界，一层层地揭开珊瑚礁生态系统的神秘面纱。通过阅读丛书，你将透过清丽简约的文字和精美丰富的图片去一探汹涌波涛下的生命奇观，畅享一次知识与趣味双收的"珊瑚礁之旅"。同时，本丛书也将逐步揭开人类与珊瑚礁的历史渊源，站在现实角度，思考珊瑚礁生态系统的未来。在国家海洋强国战略的大背景下，合理利用海洋资源、正确开发并切实保护好珊瑚礁资源，更加需要我们认识并了解珊瑚礁生态系统。

“绛树无花叶，非石也非琼”，诗中的珊瑚美丽动人，但你可知道珊瑚非花亦非树，而是海洋中的动物，是珊瑚礁的建造者。在《探访珊瑚礁》中，你会知晓或如花般摆动或如蒲柳般招展的珊瑚动物的一生，知晓珊瑚礁的往昔。你无须出航也无须潜水，就能“畅游”世界上著名的珊瑚礁群落，领略南海珊瑚礁、澳大利亚大堡礁的风采，初步了解珊瑚礁的分布情况。也可以窥见珊瑚礁中灵动的生命、珊瑚礁与人类的历史渊源。

数以万计的生物共处于珊瑚礁系统中，它们之间有着千丝万缕的联系。这些联系在《珊瑚礁里的食物链》一书中得以呈现。无论是微小的藻类，还是凶猛的肉食鱼类，它们都被一张无形的大网网罗在这片珊瑚礁海域，各种生物的命运环环相扣，息息相关，生命之间的碰撞让这里精彩纷呈。

为了生存，生活在这里的“居民”早就练就了出色的生存本领。

《珊瑚礁里的生存术》带你走近奇妙的珊瑚礁生物，旁窥珊瑚礁“江湖”中的“血雨腥风”，一睹珊瑚礁“居民”的“绝代风华”。它们在竞技场中尽显身手，或遁影于无形或一招制敌……

也许很多人对珊瑚礁生物的最初印象会源于礁石水族箱里色彩艳丽、相貌奇异的宠物鱼，对它们的生活习性却并不了解。《珊瑚礁里的鱼儿》书写了珊瑚礁里“原住民”“常客”“稀客”“不速之客”的生活。书中所述鱼类虽然只是珊瑚礁鱼类的一部分，但也从一个侧面展现了它们的灵动之美和生存智慧。有些鱼儿“鱼大十八变”，不仅变了相貌还会逆转性别，有些鱼儿则演化出非同一般的繁殖方式……

珊瑚礁不仅用色彩装饰着海底世界，更给人类带来了许多的惊喜与馈赠。在《珊瑚礁与人类》中，你将看到古往今来的人们如何发掘利用这一方资源，珊瑚礁如何在万千生命的往来中参与并见证

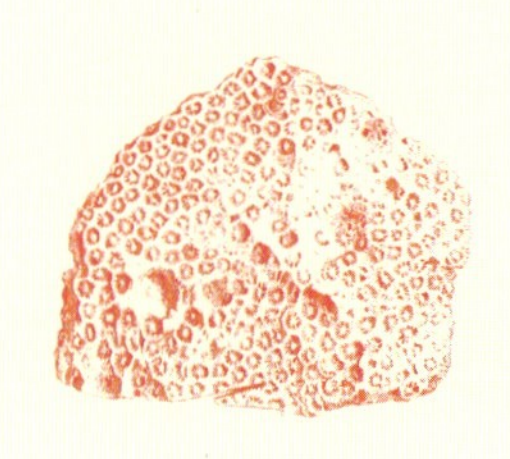

人类社会文明的发展。在这里，你将见到不一样的珊瑚，它们不再仅仅是水中的生灵，更是镌刻着文化价值的海洋符号。你也能感受到珊瑚礁在人类活动和环境变化下所面临的压力。好在有越来越多的“珊瑚礁卫士”在努力探索、不断前行，为守护珊瑚礁辛勤付出。

当你翻过一张张书页，欣赏了千姿百态的珊瑚礁生灵，见识了它们的生存之道，领略了大自然的鬼斧神工，或许关于海洋的“种子”已然在你心中悄然发芽。珊瑚礁里的一些秘密已被你知晓，但珊瑚礁的未解之谜还有很多。珊瑚礁环境不容乐观，珊瑚礁保护与修复道阻且长，需要我们每一个人去努力。

写在前面 / Foreword

在我们这个蓝色的星球上，有一群绚烂的生命，绽放在浩渺的蔚蓝海洋中——它们个体微小，但结构精巧、种类繁多；它们兢兢业业，齐心协力，在时间、海洋环境的共同作用下，构筑起“海底城市”——珊瑚礁。在本书中，我们将一同走进珊瑚礁的世界，探访珊瑚礁生态系统。

遨游于世界上著名的珊瑚礁群，领略南海珊瑚礁、澳大利亚大堡礁的绮丽风采，初步了解珊瑚礁的分布概况和特殊分布现象。再“翻阅”一下珊瑚的家谱，了解珊瑚的分类、生长与生活。珊瑚礁的形成可不是一蹴而就的，它形成的原因以及演化历程蕴藏着巨大的秘密。本书将揭开珊瑚礁生态系统的神秘面纱，带领我们认识珊瑚礁中的生命和神奇的食物链；了解珊瑚礁的用途，以及珊瑚礁正在面临的严重危机。

珊瑚礁作为地球上生灵的一部分，是与人类同呼吸共命运的地球“同居者”；作为地球上重要的生态系统之一，为种类丰富、形态多样的海洋生物提供了栖息地，是环境系统运作的重要参与者；作为珍贵的海洋生物资源，是人类的宝藏，在渔业、工业、医药业、旅游业等领域具有巨大的价值……让我们一起走近珊瑚礁，了解、关注、探访珊瑚礁及其生态系统，不仅仅是为了认识、保护它们，更是为了我们星球的发展和未来。

目录 / Contents

珊瑚礁知多少 59

人类与珊瑚礁 151

欢迎来到珊瑚礁

地球表面

在浩瀚的宇宙中，地球是目前已知唯一存在生命的天体，是包括人类在内，数百万种生物的共同家园；而海洋，则是这千千万万生命的摇篮。

海洋覆盖了地球表面积的约 71%，她的美丽、广阔、神秘、变幻莫测吸引着人们不断探索。在一代代科学工作者、探险者等的努力下，海洋世界的大门逐渐向人类打开。

热带和亚热带的浅海世界可以说是海洋世界中的“神仙海域”，这得归功

缤纷珊瑚礁

于其中的“宝藏担当”——珊瑚礁。作为四大海洋生态系之一，珊瑚礁为成千上万、五彩斑斓的海洋生命提供大量“衣食住行”等必备基础；一直以来，珊瑚礁兢兢业业地维持着海洋生态系统的平衡与稳定。可以说，有珊瑚礁存在的海域，不论是幽深的海底还是明媚的岛屿，都生机盎然、别具一格。

当然，慷慨的珊瑚礁从不偏袒，不仅为海底世界添砖加瓦、为海洋中的生命带来缤纷，还不断地为陆地上的人类带来惊喜和馈赠：对于普通人来说，海面上的珊瑚礁岛及海面下的珊瑚礁群，风光绮丽却各具特色，为人们带来珊瑚礁世界的乐趣和新奇；对于科学工作者来说，珊瑚礁更是为研究带来源源不断的思路与资源。就这样，珊瑚礁靠自己的实力赢得人们的喜爱，吸引着人们不断追随、探寻。

人类探访海底珊瑚礁

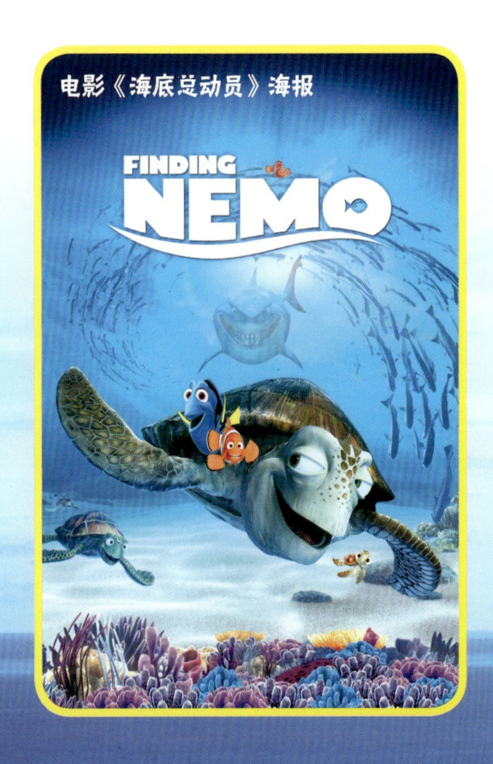

电影《海底总动员》海报

一、世界典型珊瑚礁群

珊瑚礁群落是热带和亚热带海域中数一数二的“热闹”群体，集合了造礁珊瑚及造礁藻类形成的珊瑚礁，以及丰富多样的礁栖动植物，是海洋生态系统中最复杂的生物群落类型之一。

提到典型的珊瑚礁群，我猜你一定会想到《海底总动员》中小丑鱼尼莫的老家——澳大利亚大堡礁。大堡礁是世界上最大最长的珊瑚礁群，也是世界上海洋生物最多的地区之一。世界第二大珊瑚礁群位于一个神秘的岛——洪都拉斯群岛的罗阿坦岛，这里是

澳大利亚大堡礁风光

斐济群岛风光

“世界十大海盗岛屿”之一。世界上第三大珊瑚礁群在南太平洋的斐济群岛，或许是因为有五彩斑斓的珊瑚礁的实力“助攻”，斐济群岛才享有“全球十大蜜月度假地之一”的美誉吧。中国的南海诸岛同样是享誉海内外的珊瑚礁群聚集地，这里还有红珊瑚、

库氏砗磲

鹦鹉螺

库氏砗磲、鹦鹉螺等被列为国家一级保护动物的海洋生物。

下面就让我们走进南海珊瑚礁和澳大利亚大堡礁的世界，感受珊瑚礁的魅力吧！

南海珊瑚礁鸟瞰

南海珊瑚礁

南海位于我国大陆的南方，是太平洋西部海域；有东沙、西沙、中沙和南沙四大群岛。这些南海群岛大部分并非普通的岛屿，而是出自造礁生物——珊瑚虫之手，一直以来负有盛名。

这片珊瑚礁海域有礁、滩、礁岛、沙岛和沙洲。礁，是珊瑚礁体，有环礁和台礁之分，所处地水深 3~5 米。落潮时，大部分礁体露出水面；涨潮时，礁体则被淹没。滩，由珊瑚礁沉在水中形成，一般在海面以下数十至数百米。礁岛，则由珊瑚礁岩和生物礁岩组成，来自各种造礁生物。沙岛，由珊瑚、贝壳等海洋生物的遗骸共同组成。珊瑚砂、贝壳颗粒等则形成沙洲。这种由松散的生物遗骸组成的沙岛或沙洲在礁平台上普遍存在，但它们比较“柔弱”，其面积、形态会随季风的影响而变化，也会被特大的潮水淹没。

除了地质结构丰富外，南海的珊瑚礁海域更因其政治、军事、商贸使命，显得突出、重要。南海珊瑚礁是邻近国家或地区往来贸易和交流的必经之地，更是我国维护海洋权益的重要领域。

让我们一起开启南海四大群岛的探奇之旅吧！

南海岛礁鸟瞰

东沙群岛

南海上的“马蹄印”

如果坐着飞机经过南海上空，就会发现，在最北部澄蓝色的海面上有一块小小的“马蹄印”——东沙群岛。东沙群岛位于广东汕尾市以南约 260 千米，珠沙口东南方约 315 千米。

别看这块“马蹄印”相比起南海的其他群岛来说面积最小，但它由于离中国大陆最近，有着十分重要的战略地位，为南海要冲、国际航海的交通枢纽。或许，这是“战马”留下的“马蹄印”吧——在战时，它常担当情报前哨的重任。

“情侣”岛礁与“兄弟”暗滩

“马蹄印”虽小，组成结构却并不见得简单：东沙岛、东沙礁、南卫滩及北卫滩，是东沙群岛的四大“主力”岛礁及暗滩；附近海域中，还有数不胜数的暗沙和暗礁“辅助”。

东沙岛和东沙礁是一对儿“情侣”。先说说“男方”东沙礁，它是一个典型的圆形珊瑚环礁，直径 11~13 海里。东沙礁中间为礁湖，湖内有很多小丘、浅滩。海水退潮时，环东沙礁的礁盘则完全露出水面。此外，东沙礁的外缘礁非常宽广，礁盘上常常有小沙洲和沙岛；也正是这宽广的外缘礁大大地提升了东沙礁的“男友力”——东沙岛“依偎”在

东沙群岛航拍

东沙岛鸟瞰

岛礁与暗滩鸟瞰

其西部礁盘上，俨然是碧蓝海面上的一颗翠绿珍珠。而“女方”东沙岛与周围的暗沙、暗礁形成“众星拱月”的美妙画面，是东沙群岛中的“女神”。

南卫滩和北卫滩是两个连续的珊瑚暗滩，为东沙群岛中低调的“双生子”。它们位于东沙岛西北方，在珠江口大陆架前缘的大陆坡上；北卫滩面积比南卫滩大，但它们的礁体都呈椭圆形，沉在水面下，为沉水环礁。

月牙岛与白沙

“女神”东沙岛很早就拥有了各种名字：它古称“落漈”“南澳气”“气”；因位于万山群岛之东而被称为“大东沙”“东沙”；作为南海诸岛中最早被开发的岛屿，远在1000多年前，被晋代的裴渊在《广州记》中称为“珊瑚洲”；此外，由于其东北部稍高于西南部，中部低洼，西部原本有两条沙堤伸出，包围着一个小海湾，岛整体呈新月状，又被潮汕渔民称为“月牙岛”“月塘岛”。

享有如此多“昵称”的东沙岛是一个很特别的存在——它是东沙群岛中唯一露出水面的岛屿。不仅如此，岛上没有土壤，全都覆盖着白色的沙子，增添了几分“皎洁”

东沙岛上的白沙

的姿色——如此看来，“月牙岛”的说法确实贴切。在阳光下远远望去，闪闪发光的白沙与蓝天、碧海、绿树交相辉映，此等赏心悦目的美景能够让人的心情瞬间变得舒爽安逸。

这些白沙出自东沙岛上的生物之手。东沙岛在东沙礁的礁盘上发育而成，周围的珊瑚及贝类等生物丰富：如海花石、芋螺、蝾螺属、江珧属、寄居蟹……这些生物死亡后，其遗骸经过风化，堆积在礁盘上，形成了我们目之所及的白沙。

沙画

白沙也为东沙岛带来了许多“福利”。其形成的独特的生态景观吸引游客前来参观；同时它们也被当地居民染上各种颜色做成“沙画”，成为东沙岛上的特产，具备古典美与现代感，带给人们别具一格的审美体验，深受欢迎。

东沙岛上的礁下草

东沙群岛上的气候为热带季风气候：一年当中，5、6月为梅雨期，7、8月有台风；夏季和冬季分别受西南季风和东北季风影响，夏季雨水较多，冬季雨水少。在这样的气候下，不论是动物、植物，都生长得十分“愉快”。

东沙岛上树木茂盛，植被以灌木丛为主，麻枫桐、仙人掌、野菠萝、椰树等植物掺杂其间。东沙岛的“海人草”也十分出名。“海人草”是一种藻类植物，属于松节藻科，在东沙岛的西部、西南部及东北部的礁盘上很容易找到。“海人草”的藻体为

海人草

暗紫红色，软骨质，丛生；但是干后会变成灰绿色。仔细观察，它的全身都覆盖着密密麻麻的、十分短小的毛状小枝，顶端像狐尾；下部小枝脱落，呈裸露形态。它的枝常为不规则的圆柱形，有分叉；小枝的上部或中部侧面还有卵圆形的囊果。“海人草”有着十分宝贵的药用价值，活跃于中药界，以驱蛔虫闻名。

聪明的雀鲷

东沙岛是生物的“天堂”，聚集了多种多样的动植物，有热带海藻、珊瑚礁鱼类、节肢动物、棘皮动物、软体动物……除此之外，候鸟、昆虫等也是岛上的“常客”。

据统计，东沙岛海域的鱼总计 652 种，珊瑚礁鱼类超过 500 种，其中有多种罕见的“宝藏”鱼类，如石垣岛海龙、史氏海龙、黄头刻齿雀鲷、隐雀鲷、蓝点雀鲷、小天

海龙

雀鲷

鲷、费氏窄尾魟、红点矶塘鳢、黑腹矶塘鳢、黑点鹦歌鲨等。雀鲷在东沙岛珊瑚礁鱼类中“人口”最为庞大，它一般为卵圆形或椭圆形，嘴巴小小的但可以向前伸出；头、躯干、鱼鳍基部均有鳞片覆盖，鳞片外缘为小锯齿状。它的尾鳍是叉形，体形像鲷，却不属于鲷科，身躯很小，大都在 15 厘米左右，如麻雀一般，因此被称作雀鲷。

费氏窄尾魟

雀鲷大都生活在岩礁中，性格活泼，行动敏捷，进攻性较强，通常以附着在珊瑚礁上的小型甲壳类和浮游动物为食物。雀鲷十分聪明，在让自己灵活穿梭于珊瑚丛中及选择隐蔽的场所方面有自己独特的技巧。白天，它们成群结队地游动、盘旋、觅食，胸鳍像船桨一样来回摇摆，以控制身体的姿态和前进的方向——这样的“操作”让它们能轻便灵敏地在珊瑚丛中钻来钻去；如果敌人突然出现，它们会迅速躲在珊瑚丛中，利用身上艳丽的颜色与五彩缤纷的珊瑚融为一体，巧妙“隐身”。夜幕降临，雀鲷会根据自己身体的大小选择合适的珊瑚缝隙过夜，既不贪心，又不会让自己吃亏。

岛上风光

西沙群岛

“打卡”胜地“宝石岛”

西沙群岛鸟瞰

西沙群岛是我国南海四大群岛之一，位于南海西北部，坐落于海南岛东南方向大陆坡的台阶上，由海南省管辖，隶属于海南省三沙市。从空中俯瞰西沙群岛，你会惊叹于它的“财富”之多：它由许多个大小各异的珊瑚岛组成，这些珊瑚岛灿烂若静浮沧海之上的宝石——因此，西沙群岛又被称为“宝石岛”。

西沙群岛从东北向西南方向延伸，在 50 余万平方千米的海域里，包含 22 个岛屿、7 个沙洲、8 座环礁、1 座台礁以及 1 座暗礁。西沙群岛的陆地总面积约 10 平方千米，是当之无愧的“南海陆地面积最大的群岛”。

在漫漫历史长河中，西沙群岛这个“宝石岛”是个非常火的“打卡”胜地。远在 1000 多年前，无论是隋朝带有公务在身、出使今马来西亚的使节，还是唐代前往南亚及东南亚地区“进修”的高僧义净，都曾在西沙群岛留下足迹。宋代，西沙群岛的地位被“官宣”，成了“海上丝绸之路”（南海航线）的必经之地，有“千里长沙”“九乳螺洲（石）”“七洲（洋）”

等美称。明代，“海上丝绸之路”的路线固定，西沙群岛更是在众多站点中脱颖而出，成了当时中西方经济、文化、政治交流的重要据点。明清时期，满载香料、丝绸、瓷器、茶等中国商品的商船在南海海域来来往往，途经“宝石岛”，与东南亚各国进行贸易往来。

茶

元代青花瓷

虽然时过境迁，海上丝绸商路芳迹难寻，“宝石岛”却依然如盛开的莲花般点缀在碧波无垠的大海上，风姿卓然。如今，它仍以全新的面貌吸引着众人“打卡”——诱人的西沙海鲜、美丽的潜水胜地……现代诗人胡永明曾写诗称赞道：“西沙开贝灿明珠，群岛绽莲迎朝阳。蓝宝项链耀中华，舰艇编队护南疆。彩礁游鱼绚龙宫，绿树飞鸟美天堂。海战收复越占处，宣德永乐更盛昌。”

热闹的西沙众岛礁

西沙群岛海域面积广阔，陆域部分低、平、小。西沙群岛上的大部分岛屿主要由珊瑚、贝屑组成。这些珊瑚岛礁的礁盘比较大，地势平坦。总体来说，西沙众岛礁的类型走“小清新”的“简洁”风。

西沙群岛北起北礁，南至先驱滩，东起西渡滩，西止于中建岛。大致以东经112°为界，西沙群岛可分为东、西两群：西群为永乐群岛，海南渔民习惯称为“西八岛”“下八岛”或“下峙”；东群为宣德群岛，海南渔民称为“东七岛”“上七岛”或“上峙”。

永乐群岛有 5 座环礁（北礁、永乐环礁、玉琢礁、华光礁和盘石屿）以及中建岛台礁。其中，北礁是渔民进入西沙群岛的必经之地。宣德群岛有 3 座环礁（宣德环礁、东岛环礁、浪花礁）和暗礁（篙煮滩）。宣德环礁“家族”庞大，包括西沙洲、北沙洲、中沙洲、南沙洲、东新沙洲、西新沙洲、赵述岛、北岛、中岛、南岛、永兴岛和石岛。东岛环礁中的高尖石岛为南海唯一一座火山角砾岩岛屿。

西沙群岛由于远离大陆、人迹罕至，其沙滩晶莹绵白、水质纯净，有的地方能见度达 40 米；加上海底五颜六色、连绵数千米的珊瑚礁，这里是最理想的潜水海域之一。

丰富多彩的植物资源

西沙群岛上的气候和东沙群岛一样，属于热带季风气候，每年 10 月至次年 2 月由于东北季风的影响，偏北气流盛行；4 月至 9 月由于西南季风的影响，偏南气流盛行。全年炎热湿润，对流旺盛，降水较多，干湿季分明；灾害性气候，如热带气旋、暴风雨等影响频繁。特殊的地理位置和天气条件为西沙群岛上的生物创造了极好的生活条件，因此，西沙群岛上的植被群落甚至拥有专属名字：珊瑚岛热带常绿林。

在这片珊瑚岛热带常绿林中，最主要的组成为天然乔灌林群落。西沙乔木的群落组成主要包括麻枫桐、海岸桐、榄仁树；灌木丛主要包括草海桐、银毛树、海

银毛树叶片

银毛树果实

巴戟；而滨海沙生植被以海滨大戟、蔓茎栓果菊等为主。

除了天然乔灌林外，岛上还有其他植物：人工栽种的椰树、高大的松树……为西沙群岛又增添一抹色彩。

海滨大戟

海巴戟果实

海巴戟

椰树

虽然西沙群岛上雨水丰沛，但降水分布不均匀、常年蒸发量较大、土壤盐碱度高，因此，生长在这里的植物“品性坚韧”，有耐盐、耐旱的特性。此外，这些珊瑚岛热带常绿林还是群岛上重要的“守望者”：它们是防风固沙、稳固海岸的“将领”，是土壤形成与改良的“执行官员”，是动物食物的“供应员”……可以说，没有它们，西沙群岛上的生态会有翻天覆地的变化。

西沙上的岛上桐：麻枫桐

说到防风固沙，就不得不提麻枫桐。麻枫桐的别称为白避霜花、无刺藤、抗风桐，为乔木。它们的枝条较少，叶常

麻枫桐

丛生，故抗风能力很强，能很好地适应西沙群岛上的气候。麻枫桐的树皮多为灰白色，皮孔明显；夏季开花，夏末秋初结出棍棒状的果实。在当地，它们的叶子常常作为养殖动物的饲料。

西沙植被界的“地产大亨”：草海桐

草海桐，也叫羊角树、水草仔、细叶水草，是典型的滨海植物，被称为“滨海的草根阶层”。虽然是“草根阶层”，但它们是西沙群岛植被中的“地产大亨”——在西沙群岛上的所有植被中，草海桐分布最为广泛，构成一片片灌木林。

草海桐不仅“地产”范围大，其“地产”附近的“景观”还十分宜人：或倚在珊瑚礁岸，或与其他滨海植物生长于海岸边，过着“面朝大海，春暖花开”的诗意生活。

草海桐

草海桐高3~4米，叶子呈螺旋状排列，大部分集中于分枝顶端；花萼无毛，花冠呈白色或淡黄色，花药在花蕾中围着花柱上部；核果是卵球状，呈白色，无毛或有柔毛。草海桐抗强风、耐盐性佳、耐旱、耐寒，是西沙群岛的重要植物品种。

白燕鸥

鸟的天堂

据统计，在西沙群岛上栖息的海鸟有40多种，典型的海鸟有白燕鸥、乌燕鸥、大凤头燕鸥、黑枕燕鸥、鲣鸟等。

为爱起舞的鲣鸟

西沙群岛上有非常珍稀的物种——鲣鸟，西沙人常以此为傲。

西沙的鲣鸟主要是红脚鲣鸟，它们的一大特征就是穿着一双红色的“小鞋”，惹人注目。它们对爱情忠贞，看到心仪的对象就会翩翩起舞，配偶成功，则一起仰头向天，长鸣不已，向世界宣告它们甜甜的恋爱。此外，它们还十分顾家，早出晚归，十分勤劳。在春末夏初哺育雏鸟时，雄鲣鸟捉到鱼后马上飞回自己的窝，把食物放进小鸟的嘴里，并为小鸟啄去嘴边的鱼鳞；雌鲣鸟则在旁边，用嘴为心爱的雄鲣鸟梳理身上的羽毛。鲣鸟还因为其能导航的优点，深受渔民的喜爱。早上渔民按照鲣鸟觅食的方向，驾船前去捕鱼；傍晚再根据它们飞回的路线，从大海中驶回。

但由于人类对红脚鲣鸟的羽毛、鸟蛋等虎视眈眈，如今在西沙群岛上已经很难见到红脚鲣鸟矫健的捕食身姿，遗留下来的鸟粪也在日本占据时期被开采殆尽。

红脚鲣鸟

体态优雅的乌燕鸥

乌燕鸥是比较珍稀的一类海鸟，2012年被世界自然保护联盟（International Union for Conservation of Nature）列入濒危物种红色名录；它们虽然广布于大西洋、印度洋及太平洋的热带海域，在中国东南部沿海却是罕见。乌燕鸥常常翱翔、生活在开阔的海洋上方；到了繁殖期，它们会为了下一代而暂时地“放弃”大海，栖息、活动于海岸、岛屿岩石和沙石地上。它们全身几乎只有黑白两色；尾巴呈深叉状，体态优雅；在

乌燕鸥

海面上空飞翔时，两翅缓慢而轻微地扇动。它们捕食动作轻快迅捷，掠过水面时会准确地捕食到鱼类、甲壳类和头足类等。

名贵的海底动物

低调有内涵的虎斑贝

西沙群岛的珊瑚礁中生活着多种贝类，如虎斑贝、鹦鹉螺、万宝螺、大法螺、唐冠螺等，竞相媲美；其中，虎斑贝身份“显赫”，为国家二级保护动物。

虎斑贝，也叫虎斑宝贝，常生活于热带海域。虎斑贝贝壳体较大，呈卵圆形，背部膨圆，前端较瘦，表面光滑且富瓷光，壳面通常为灰白色，其上具有大小不等的黑褐色斑点，形似老虎身上的斑纹，因此得名。

鹦鹉螺

法螺

虎斑贝

虎斑贝一直奉行着“低调做贝”的原则，常栖息在潮间带的低潮区及稍深的岩石、珊瑚礁质海底，尤其喜欢栖息在杯形珊瑚的基部。它们不喜欢白天活动，是“夜猫子”，常在黄昏和夜间出来觅食或交配。此外，它们也不太喜欢高调的装扮，常常会根据环境“换装”，凡是沙滩上或暴露在外面的个体，其贝壳的颜色较淡；凡是隐藏在阴暗处或藻类丛生的地方，其贝壳的颜色较深，黑白分明，十分美丽。

唐冠螺

“吃”成魔术师的鹦嘴鱼

鹦嘴鱼

在西沙群岛的众多鱼类中，有一位靠“吃”来“变魔术”的“魔术师”：鹦嘴鱼。它们常分布于热带与亚热带的珊瑚礁海域。由于它们拥有蓝、绿、红、黑等多种颜色，如鹦鹉的体色一样绚丽，故也有鹦鹉鱼、鹦哥鱼的叫法。

鹦嘴鱼体型较扁，头短却又高高鼓起，背鳍呈锐嵴状；口中有锥状颌齿1行，内侧常具1行至数行小齿，前端各有大犬齿1对，这些牙齿不仅能咬下海藻，还能粉碎多刺的海胆和坚硬的珊瑚。

鹦嘴鱼的主要食物为珊瑚及附生的藻类，在进食过程中，会直接将整个珊瑚枝咬断，再用咽颌齿将其磨碎；但鹦嘴鱼并不能消化所有的珊瑚，会将消化不了的珊瑚转化成沙子排出。这使鹦嘴鱼在珊瑚礁生态系统中扮演了“魔术师”的角色，有益于珊瑚的新老更替，增加珊瑚礁的多样性。但鹦嘴鱼频繁的、过度的取食活动也会给珊瑚礁带来一定程度的伤害。

“海中两王”

除了鱼类外，西沙群岛的“宝贝”还有海龟、海参、海藻等，其中比较珍稀的有棱皮龟和梅花参。

棱皮龟

"海龟之王"棱皮龟是世界上龟鳖目中体形最大的一种，头、四肢及身体均覆以革质皮肤。它是著名的"游泳健将"，四肢进化成桨状，可在海洋中迅速而持久地游泳。棱皮龟以鱼、虾、蟹、螺、海星、海参和海藻等为食，甚至长有毒刺细胞的水母也是它的食物。虽然棱皮龟的嘴里没有牙齿，但并不妨碍它摄食，其食道内壁有大而锐利的角质皮刺，可以磨碎食物；此后，胃、肠再对磨碎的食物进行消化、吸收。

杂食的习性大大地提高了棱皮龟的生存概率，但同时也导致它们常常把海面漂浮的塑料袋或者其他垃圾当作食物吃下，造成肠道阻塞。2013 年，受海洋污染的影响而数量锐减的棱皮龟被列入世界自然保护联盟濒危物种红色名录。

水母

梅花参

“海参之王”梅花参生长于热带海洋的珊瑚堡礁和珊瑚潟湖带，长圆筒状，是海参纲中最大的一种，体长可达1米。梅花参背面的肉刺很大，每3~11个肉刺相连呈现梅花花瓣的形状，故名“梅花参”。它们常在水深3~10米而有少数海草的水域栖息，吞食海沙并消化里面的微生物。有趣的是，有些梅花参的泄殖腔内有一种人手指般大小的共生鱼，全身棕红色，头部稍大，身体光滑细长。

梅花参对生长的环境要求极高，当遇到海水污染、海水密度或温度剧变时，梅花参会自身腐烂或吐出内脏，到水质好的地方再自行长出内脏。梅花参营养丰富，是食用海参中最好的一种，具有极高的滋补价值，因而也引发了人类的过度商业竞捕，目前，已经成为濒危物种。

两座瞩目的岛屿

永兴岛

永兴岛鸟瞰

永兴岛是西沙群岛陆地面积最大的岛，由白色珊瑚、贝壳、沙堆积在礁平台上形成，呈椭圆形。整个珊瑚岛地势平坦、树木成荫、风光旖旎，淡水资源丰富，在南海诸岛中地理环境较为优越。

2012年7月，海南省三沙市人民

三沙市永兴学校

三沙市政府办公大楼

政府在永兴岛正式挂牌成立，这里也逐步走向现代化、生活化：完善的生产和生活配套设施，如办公楼、学校、商店、银行、气象台、医院、图书馆、公路、机场、码头等一应俱全，是名副其实的“海岛新都市”。

此外，永兴岛还有不少著名的人文景观。永兴岛上种植有一片椰林，这些椰树是由党和国家领导人及100多位将军栽种的，因此被命名为“西沙将军林”。岛上还有法国人、日本人留下的旧式炮楼，人民政府设立的南海诸岛纪念碑以及国民党于1946年所设立的海军收复西沙群岛纪念碑。

值得一提的是永兴岛上创建于1989年的海洋博物馆，它在中国的海洋博物馆中具有特殊的地位，一是因为它是中国最南端的海洋博物馆，二是因为它是中国唯一一个

永兴岛标志

西沙将军林

海军收复西沙群岛纪念碑

由守岛战士创办的海洋博物馆。整个博物馆分为六个部分，分别展览贝类、珊瑚类、鱼类、龟类、植物类、鸟类，是人们了解海洋、了解西沙的重要场所，也是进行海洋知识教育、培养海洋观念的第二课堂。

西沙海洋博物馆

石岛

石岛位于永兴岛东北方向，现在已经与永兴岛连为一体。

在西沙群岛众岛礁中，石岛由于年龄最大、地势最高，显得非常独特。石岛上没有高大的树木，取而代之的是青草和荆棘；也不像大多数由珊瑚、贝壳等生物沙砾堆积的岛屿，它是由某些层状生物砂岩构成的，岩质非常坚硬。

石岛地势陡峭，四周海崖上的海蚀洞有大小之分，大的成为石岛览胜的风景点；中部低平如台，有利于建灯塔和房屋。这里的礁石形状千奇百怪，有较高的观赏价值。近岛处的海水清澈见底，水深较浅，呈浅蓝色；远离礁盘处水深增加，海水呈现深蓝色。深蓝、浅蓝的海水分界明显，其界线附近有一道道白色的波浪，石岛就像一幅天然画卷展现在人们面前。

如果能站在石岛高耸陡峭的岸边，伴着清爽的海风、低吟的涛声，感受着“日月之行，若出其中；星汉灿烂，若出其里”的磅礴，可以算是人生一大幸事了。

石岛老龙头

西沙上的“珍珠链”

七连屿位于永兴岛的西南方，是赵述岛等岛洲所在礁盘的整体名称。七连屿包含的岛礁紧密相连，犹如珍珠一般串在一起。

七连屿岛礁上的植物大都是草海桐等灌木丛，鸟儿在其间嬉戏，运气好的话还能在灌木丛里发现鸟蛋。海水清冽，水下有五彩缤纷的珊瑚，活泼嬉戏的各类鱼儿，数不胜数的龙虾、海星、海胆，这一切都如梦一般美好，吸引着人们潜入海水、遨游其中。洁白细腻的珊瑚砂遍布七连屿各岛洲，日落时分，红彤彤的晚霞铺满天空，若是坐在沙滩上看倦鸟返巢、波涛拍岸，抑或是漫步沙滩、赤脚捡贝，真不失为人生的一大乐趣。

七连屿鸟瞰

海胆

紫色的海星

中沙群岛

中沙群岛位于南海中部，西沙群岛东面偏南海域，海域面积 60 多万平方千米，岛礁散布广度仅次于南沙群岛，古称“红毛浅”“石星石塘”。中沙群岛发育在南海海盆中的中沙高原上，主要由隐没在水中的环礁和暗沙组成。

中沙群岛由东北向西南方向延伸，略呈椭圆形，包括中沙大环礁、一统暗沙、宪法暗沙、中南暗沙、黄岩岛等，除了黄岩岛南部露出海面外，其余部分几乎全部隐没在海面之下。值得关注的是中沙大环礁和黄岩岛。中沙大环礁不仅是中沙群岛的主要部分，还是南海诸岛中面积最大的环礁。其东、西两面均靠近“深渊”：东面靠近水深 4000 米左右的中央深海盆，西面濒临水深约 2500 米的中沙海槽。中沙大环礁附近海域的营养盐非常丰富，是南海重要的渔场，盛产旗鱼、箭鱼、金枪鱼等多种海产品。黄岩岛环礁状似三角形，中间是被礁坪包围的潟湖，水色清绿；湖底散布着珊瑚点礁，形成众多的湖中小山丘。礁湖底部是造礁珊瑚虫最活跃的地带，珊瑚丛生如百花争艳。

中沙群岛风光

箭鱼

旗鱼

金枪鱼

中沙群岛所处海域生存着种类多样的浮游生物，其中，以硅藻类数量最多。硅藻为单细胞植物体或由细胞彼此连接成链状、带状、丛状、放射状的群体。因为硅藻是鱼、虾、贝类特别是其幼体的主要饵料，因此可与其他植物一起，构成海洋的初级生产力。硅藻还是经济价值极高的海底生物性沉积物——硅藻土的重要组成部分。硅藻土除了含有丰富的营养物质外，还能将动植物的遗体完好地保存下来，对古生物学研究意义重大。此外，在中沙群岛海域的众多藻类中，还有很多种类有医用、工业价值。如钝形凹顶藻，藻体大、数量多，不但能食用，而且有治疗湿疮、顽癣、疥疮的作用。

除了浮游生物众多外，中沙群岛石油资源丰富，现初步探明石油储量约 5 亿吨。

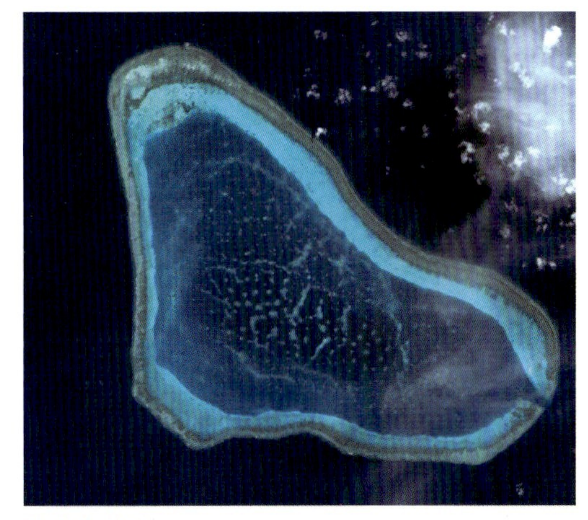

黄岩岛航拍

黄岩岛风光

硅藻土

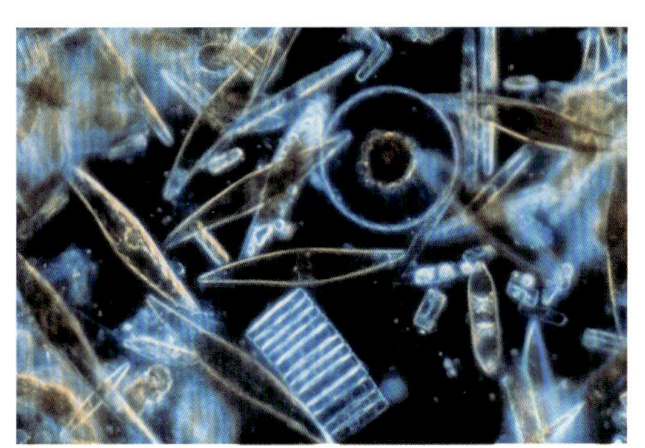

显微镜下的硅藻

南沙群岛

环礁为主，多地貌共存

南沙群岛西至万安滩，东至海马滩，北至雄南礁，南至曾母暗沙，是我国最南端的群岛领土，也是南海岛屿滩礁最多、分布范围最广的群岛。

南沙群岛由 193 个岛、礁、沙、洲和暗礁、暗滩等组成，涨潮时只有 23 个岛礁露出海面。它拥有以珊瑚礁地貌为主的特殊景观，环礁、台礁、塔礁、点礁是其地貌的主要组成类型。台礁、塔礁独成一体；环礁为单环或环中有环；点礁遍布于礁湖中，相依相偎，或出或没。

南沙群岛虽然包含了多种类型的地貌，但它以大型环礁为主。其中，最大的环礁是郑和环礁。明代航海家郑和曾七次下西洋，经南沙群岛到达印度洋、非洲，后人为了纪念他，便以他的名字来命名其中最大的环礁。南沙群岛中的多数岛屿属于珊瑚礁发育区，这些区域生长快、礁坪宽，海底地形复杂，但海上部分地势低平，堆积了各种礁石、珊瑚砂及贝壳。

由于礁环屏障避风条件好，水面平静，部分区域加以开发利用，便可以“转型升级”为优良港口，渚碧礁就是一个很好的典范。

曾母暗沙与“25 米魔咒”

曾母暗沙位于南沙群岛南部，与马来西亚距离很近。从空中俯瞰，曾母暗沙似纺锤形，其主体是礁丘，即丘状珊瑚暗礁。礁丘表面由以珊瑚为主的造礁生物组成，并伴有很多附礁生物。有意思的是，这里的珊瑚有一个“25 米魔咒”：水下 25 米以浅的珊瑚生长较好，尤以中华蔷薇珊瑚为优势种类；25 米以深的礁体表面活性珊瑚变得很少，礁石间的凹坑内堆积着钙质生物碎屑，包括软体动物壳屑、苔藓虫、钙藻等成分。

宝藏群岛

南沙群岛是个宝藏群岛，其植物、动物、矿产资源非常丰富。

由于南沙群岛绝大部分处于北纬10°以南的赤道季风气候区，属于海洋性热带雨林气候，适宜的温度和充沛的雨量为椰树、木瓜、野杧果等植物的生长提供了良好的条件。

木瓜树

另外，南沙群岛生长有100余种珊瑚，在礁缘潟湖中成片生长，婀娜多姿，覆盖率达90%以上。珊瑚“群芳”中，鹿角珊瑚是独特的存在。顾名思义，鹿角珊瑚即拥有如鹿角般的分支状生长形态，分枝距离大，顶端小枝细长而渐尖。鹿角珊瑚有黄色、奶白色、粉红色、紫色等多种色彩，可制作成精美的工艺品。

鹿角珊瑚

南沙群岛还繁衍着各种热带海洋动物，玳瑁、大龙虾均是珍品。玳瑁又被渔民称为“十三鳞”，属于海龟科，头顶有两对前额鳞，嘴形像鹦鹉，背部角板上布满了有光泽的黄褐色条纹。玳瑁主要生活在浅水礁湖和珊瑚礁区，因为这里不仅有现成的“房子”，如洞穴和深谷等，供它休息，还有它最主要的食物——海绵。特别的是，玳瑁可以消化玻璃。因为玳瑁的实用价值，引起了人类对它的过度捕捞，现在其已经成为濒危物种。

南沙群岛有“第二个波斯湾”之称，其海域内蕴藏着石油、天然气、铁、铜、锰、磷等多种资源，主要分布在曾母暗沙、北乐滩等。又由于它地理位置特殊，介于太平洋与印度洋之间，与东南亚各国相连，具有很高的经济价值和战略价值。

南海四群岛辽阔壮美，气候宜人，生物多样，如果你有机会亲眼看看这里翠色欲滴的岛屿、洁净柔软的沙滩以及色彩斑斓的珊瑚，相信你一定会爱上这片蓝色海域。

玳瑁

电影《海底总动员》场景

澳大利亚大堡礁

电影《海底总动员》中，著名的小丑鱼尼莫的“大别墅”——大堡礁就在澳大利亚，是个五彩缤纷的地方。

大堡礁不是一个普通的地方，其拥有很多头衔：“地球最美装饰品”“透明清澈的海中野生王国”“世界七大自然景观之一”……它不仅一直被澳大利亚人视为“国宝珊瑚礁”，更是闻名世界；它经得起 1981 年世界自然遗产名录的“考验”，也不负英国 BBC 对其“一生必去 50 个地方之一”的高度评价……

印象大堡礁

在澳大利亚东北部的昆士兰对岸，有几十亿个微小的“建筑师”——珊瑚虫，它们长年累月、一点一滴地缔造着一个伟大的工程——大堡礁。形成了全球最大最长的珊瑚礁群，占了世界珊瑚礁总量的10%，其规模庞大到在外太空也可以看到。

澳大利亚大堡礁由2900多个珊瑚礁岛组成，总面积达30多万平方千米，除珊瑚礁、珊瑚岛外，还有沙洲和潟湖。每当潮水退去，范围广泛的珊瑚礁就会从海水中显露出来；潮水涨起，礁体隐没，海面上只留下600多个大小不一的珊瑚岛。

大堡礁鸟瞰

珊瑚虫："工匠精神"的传承者

大堡礁是一项伟大的杰作，而这项杰作的最重要参与者，却是直径只有几毫米的圆筒状腔肠动物——珊瑚虫。其形成的珊瑚有石珊瑚、软珊瑚、柳珊瑚、苍珊瑚、红珊瑚等。软珊瑚身体柔软，硬珊瑚有坚硬的骨骼。两个"派别"的"风格"迥异，前者色彩美丽，"以柔克刚"，缔造了一座座海下花园；后者则是构成珊瑚礁体的"中坚力量"，亦称"造礁珊瑚"。

大堡礁位于热带气候地区，主要受南半球气流控制，海水温度季节变化小，非常适合珊瑚虫繁衍生息。大堡礁的珊瑚虫是"鞠躬尽瘁，死而后已"的典范。它们的骨架和肠腔相连，以浮游生物为食。无数的珊瑚虫死后尸体腐烂，留下骨骼供一代一代的子孙在上面栖息繁衍。经过数百万年的钙质硬壳与碎片堆积，骨骼不断增长扩大，最终形成了璀璨的大堡礁。它们精雕细琢，每年只能新建3~4厘米高的礁体；而大堡礁的厚度为200余米，科学家推算它的造礁史已有3000万年。

珊瑚虫

感谢这群兢兢业业的“大堡礁工匠”数千万年来的辛勤与坚守，因为有它们，南半球的水下世界才会如此多姿多彩。

异彩纷呈的大堡礁水下世界

“大堡礁工匠”的杰作不仅观赏性极高，其实用性也不容小觑。作为世界上最大的珊瑚礁区，大堡礁是“大庇”海洋生物的“广厦”，拥有世界上最庞大的珊瑚礁生态群落。

这里有蝴蝶鱼、雀鲷、狮子鱼、印头鱼、石头鱼、石斑鱼等 1600 多种鱼；有海参、海星、海葵等 4000 多种棘皮动物和软体动物；超过 30 种鲸和海豚在其中畅游；军舰鸟、红脚鲣鸟、黑燕鸥、大海雕和红嘴巨鸥等 240 多种海鸟在大堡礁栖居、翱

异彩纷呈的大堡礁海底世界

蝴蝶鱼

海星

军舰鸟

狮子鱼

海龟在海中遨游

鲨鱼

雀鲷

儒艮

小丑鱼与海葵

翔……这里还有许多“有个性的人物”：长命百岁的海龟，外表冷酷内心柔软的鲨鱼，吃“素”的“美人鱼”儒艮……大堡礁为数万种海洋和陆地生物提供了栖息地，其对澳大利亚甚至是全世界的生态具有重要的意义。

小丑鱼：海葵的“霸道业主”

大堡礁是《海底总动员》中小丑鱼尼莫的老家之一，这里自然离不开“尼莫”们的身影。小丑鱼是雀鲷科海葵鱼亚科鱼类的俗称，它们常常出没于浅海底部的潟湖或珊瑚礁，尤其喜欢穿梭在密密麻麻的海葵丛中。

海葵和小丑鱼是“最佳搭档”。对海葵而言，小丑鱼的自由进出吸引了许许多多的其他鱼伙伴，这就无形中为海葵提供了更多食物的选择；小丑鱼亦是海葵的“御用医生”，可除去海葵的坏死组织及寄生虫。对小丑鱼而言，它们体表拥有特殊的黏液，即使任性地穿梭于“张牙舞爪”的海葵之间，它们也不会受到这些触手的影响；海葵还是小丑鱼的“保护伞”，躲避其中，小丑鱼可免受其他种类的大鱼的攻击。

雌性小丑鱼产卵数量一次可达1000多个；雄性小丑鱼则担当起“奶爸”的重任，负责看护。所有小丑鱼刚孵化时均无性别之分，在一个族群当中，只有体型最大的小丑鱼才会不可逆地变性成雌性。

小丑鱼的领域观念很强，一般来说，一对雌雄鱼会占据一个海葵，并阻止其他同类进入，是“霸道”的“业主”。当然，小丑鱼也算是“通情达理”，如果海葵较大，也会允许一些幼鱼加入。在这样的一个“母系大家庭”中，雌鱼是“女王”，体格最大，“权力”也最大，它和配偶雄鱼共同占据主导地位；也会追逐、压迫其他成员，限制它们的活动范围。如果“当家”的雌鱼不见了，它原本的配偶便会“华丽转身”，变性为雌鱼。这个“变身”的过程大约分为两个阶段：第一个阶段时间较短，仅需几周，雄鱼便能完全具有雌性的生理机能；第二个阶段时间较长，在这一阶段雄鱼改变其体态、颜色等外部特征，直至完全变为一条雌鱼。

绿海龟：日益阴盛阳衰的家族

世界上现存的海龟共有7种，包括棱皮龟、玳瑁、红海龟、绿海龟、平脊海龟、坎皮海龟、太平洋丽龟；大堡礁“坐拥”其中6种，是世界上海龟生存数量最多的海域。

大堡礁的绿海龟数量庞大。成年的绿海龟体型较大，四肢呈桨状，适于划水。其背面为棕色或橄榄色，腹面为黄色。绿海龟一般以海藻、鱼类、甲壳类、头足类为食。

绿海龟有专属的“基地”——雷恩岛，这里是世界上最大的绿海龟繁殖地。每年10月到次年3月，大约有26 000只绿海

绿海龟

龟会在雷恩岛的沙滩上产卵，场面十分壮观。夜深人静时，雌性绿海龟会慢慢地爬上沙滩，在不被水淹没的高潮线上找到合适地点，挖出一个宽大的坑，开始产卵。一只雌性绿海龟每次能产卵50~200 枚，产完卵后会用沙土把卵覆盖住。龟卵在温暖潮湿的沙滩里经过 2 个月左右的自然孵化，幼海龟就破壳钻出，游入大海深处。

可是，近年来，大堡礁的绿海龟正在经历危机。2018 年，美国国家海洋和大气管理局 (NOAA)、加州州立大学、世界自然基金会澳大利亚分会曾共同警告，由于绿海龟的性别是海滩沙温决定的，可能受全球气候变化、温度升高的影响，同批孵出的绿海龟可能会全变成雌性，造成雌性绿海龟数量多于雄性绿海龟，性别比例失衡，严重的甚至会面临绝种危机。而全球气候的变化，与人类活动息息相关，这也为人类敲响了警钟：我们和地球上的其他生命有着千丝万缕的联系，只有每个人都从自身做起，降低碳排放量，才能更好地与天地万物共同生存在我们的星球上。

正在挖坑的绿海龟

破壳而出的小海龟

魔鬼鱼：儒雅却有力量

大堡礁南部的伊利特女士岛是“魔鬼鱼”蝠鲼的天堂。由于海岛附近的海域中洋流流速较高，形成了漩涡效应，海洋深处的营养元素上升到海洋表面，为在伊利特女士岛海域生活的生物提供了源源不断的食物，这些食物也成了蝠鲼的“福分”。

蝠鲼是一种看上去相对“儒雅”的软骨鱼，非常温和，常常缓慢地扇动着“大翼”，巡游于大堡礁礁体附近。它们有时成群游泳，雌雄蝠鲼常偕行，十分“恩爱”。它们的身体略呈菱形，有一张约 50 厘米宽的大嘴，嘴虽大，进食的姿态却十分“优雅”，会用前鳍和肉角把微小的浮游生物等拨进宽大的嘴里。

虽然蝠鲼主要以体型较小的生物为食，看起来也比较温和，却是“大力士”，连凶猛的鲨鱼也不敢“挑事”袭击它。凭借着强大的肌肉力量，它们能“旋转、跳跃”：在跃出水面前，它们开始旋转；随着旋转速度的加快，它们迅速上升，腾空出海，一般能跳出水面 1.5 米。在繁殖季节，“春心躁动”的它们会双鳍拍击水面，跃起在空中翻筋斗，在海面上空“滑翔”；落水时，击水声响彻云霄，蔚为壮观。

蝠鲼

座头鲸：大堡礁的“文体能手”

座头鲸是大堡礁闻名遐迩的“文体能手”。座头鲸的样貌便透露出其赋有“音乐才华”——背鳍较低，短而小，背部形状非常独特，向上弓起，形成一条优美的曲线，就像琵琶一样。

不只是样貌，座头鲸是名副其实的“实力派”音乐家。秉承着“熟能生巧”的原则，座头鲸的“音乐练习”十分用功，雄性座头鲸每年约有 6 个月时间都在练习“唱歌”。它们有特殊的“发声”技巧——不像人类通过声带振动发声，座头鲸通过身体内空气的流动发出声音，每首“歌”大约持续半小时，且根据一定的节拍、音阶长度来“歌唱”。更有研究表明，座头鲸的“音乐”至少包括了 7 个八度音阶，堪称“海洋歌王”。

座头鲸

历史上很多音乐家都有着常人无法理解的孤独感和神秘感，“大堡礁音乐家”座头鲸却喜好“社交”，温柔、和蔼，喜欢与同伴相互触摸。但在面对敌人的时候，它们是勇猛的“斗士”，常用其特长的鳍状肢或强有力的尾巴猛击敌人，甚至用头部去顶撞，常使敌人皮开肉绽。

除了在音乐方面很有天赋外，座头鲸还是“体育能手”。它们享受慢生活，其游泳的速度为每小时 8~15 千米，十分缓慢，如同一座自动漂浮的小岛。虽然它们总是优哉游哉，却有着高超的游泳、嬉水本领。座头鲸时常高速潜游，但游了一段时间后，会猝不及防地慢下来，身体垂直缓慢上升。当座头鲸的鳍状肢露出水面后，便开始展现“水上杂技演员”的素养——身体缓慢向后弯曲，完成“后滚翻”的动作。兴奋的时候，座头鲸还会放出“大招”——全身跃出水面，最高能达 6 米，落水时水花四溅，优美动人。

二、珊瑚礁全球分布

珊瑚礁分布概况

虽然海洋如星空一样浩瀚广阔，占据了地球表面积的约 71%，但珊瑚礁生存的海域面积很有限，在现代海洋中仅分布在北纬 32° 与南纬 32° 之间。

珊瑚礁“体质矜贵”，其存活、生长、繁衍等生命活动及生命过程都对生活环境要求非常苛刻。它们喜好水质清洁、盐度较高、营养丰富的热带浅海区，且需要造礁珊瑚及石灰藻、有孔虫等可分泌并形成石灰质的造礁生物的参与。它们对水温的要求也

马尔代夫风光

较高：在水温为 23℃ ~27℃的海域，珊瑚礁往往会生长得非常旺盛；在温度低于 18℃和高于 30℃的海域，造礁珊瑚的生长会受到影响，导致难以成礁。

现代珊瑚礁主要集中分布于印度洋—太平洋和大西洋—加勒比海。印度洋—太平洋的珊瑚种类丰富，有 700 余种；而大西洋—加勒比海的珊瑚种类贫乏，仅 40 余种。

造礁珊瑚及其他造礁生物十分“心仪”的分布地包括：印度洋上的马尔代夫、塞舌尔群岛、毛里求斯、马达加斯加、红海；大西洋的加勒比海；东太平洋的波利尼西亚群岛，中太平洋的密克罗尼西亚群岛，西

塞舌尔群岛风光

马达加斯加风光

太平洋的美拉尼西亚群岛；澳大利亚的东北部海域和千岛之国印度尼西亚海域，以及我国的华南沿岸海域、台湾岛、海南岛沿岸海域及南海诸岛海域。

特殊分布现象

虽然珊瑚礁生物群大都“驻扎”在低纬度热带海域及其相邻的海域，但是依然有一些珊瑚礁“勇敢”地分布在远离“大部队”的海域——日本的冲绳岛附近有珊瑚礁，同纬度的我国沿海和岛屿附近却没有；我国台湾东南部的火烧岛、恒春、兰屿等地分布有珊瑚礁，而台湾海峡中的澎湖列岛却没有；日本本州南部的串本海处于北纬33.5° 附近，已经超出了北纬 32° 的界限，却是珊瑚礁分布的最北海域……

这种差异现象的出现可能与海洋洋流密切相关。

暖流的影响

当海域处在强大暖流的控制下时，大洋环流会源源不断地输送温暖的海水，并把海洋深处的大量营养物质带到上层海水，既能保证相应海域的水温始终保持在适合珊瑚生存的状态，又能保证充足的营养供给珊瑚的发育，很好地解决了“造礁工匠”的“温饱问题”。此外，洋流运动保证了水质的清洁，为珊瑚的生长创造了良好的条件。

寒流和入海径流的影响

南美秘鲁海域和澳大利亚西海岸海域均为低纬度热带海区，理应十分适合珊瑚发育，却没有珊瑚礁及其生物群落的分布，其原因是两地海域都有寒流经过。强劲的近岸风吹向外海，引起海水垂直运动，把低盐、低温的深层海水带到近岸区的浅海表层。这股深层海水就是上升寒流，它造成了近岸海域低温、低盐的状况，抑制了珊瑚礁及其他造礁生物的生存。

同样，非洲西海岸地区、印度次大陆，它们和非洲东海岸、大西洋加勒比海、我国西沙群岛、南沙群岛处在同一纬度范围，但后者几处海域珊瑚旺盛、礁岛密集，而非洲西海岸地区（除几内亚海域尚且有珊瑚礁分布外）、印度次大陆却没有珊瑚礁的踪迹。这是因为非洲西海岸有来自大西洋的深海寒流，表面水温很低，珊瑚无法存活；印度次大陆的海水中注入了大量的来自恒河、印度河的泥沙与淡水，盐度较低，水质浑浊，泥沙颗粒会对珊瑚造成“致命一击”，珊瑚礁难以在此立足。

珊瑚礁知多少

一、珊瑚礁 珊瑚 珊瑚虫

珊瑚礁、珊瑚、珊瑚虫，虽然三者有着不一样的意义，但彼此之间有着紧密的联系。

珊瑚礁：包罗万象的“海底城市”

珊瑚礁，是海底有名的“城市”，遍布亚热带和热带海域。

珊瑚，是“海底城市”珊瑚礁的重要结构与中坚力量。珊瑚虫分泌出钙质外骨骼，并经过长年累月的沉积和固化，最终形成了风格多样的珊瑚礁。珊瑚礁的造型多样，有条状、树枝状、螺旋状，有的像高耸挺拔的高楼，有的像平坦的运动场……美轮美奂，点缀着海底世界。

作为“海底城市”，珊瑚礁是海洋中重要的生态系统，为约 25% 的海洋生物，包括珊瑚礁鱼类、软体动物、甲壳动物、棘皮动物、刺胞动物等，提供了生长、生活的场所。

印度尼西亚珊瑚礁

相对应地，“海底城市”的形成、稳定也与除了珊瑚虫外的其他生物、非生物的作用密切相关，并会受到其多种因素的影响。只有当珊瑚的建造作用高于其他条件的破坏作用时，珊瑚礁才能够积累、成型、稳定。在光照充足、海域温度和盐度适宜而无污染的海域，珊瑚的造礁作用旺盛、不利因素少，容易形成较为庞大、牢固、丰富的珊瑚礁；当光照、温度、盐度条件不好，其他生物活动影响剧烈时，珊瑚的造礁作用会减弱。由于各地环境因素及地质作用产生的影响千差万别，因此不同海区常形成不同形态的“海底城市”。

珊瑚：珊瑚虫的“集体宿舍”

我们平时所说的“珊瑚”，是珊瑚礁这个“海底城市”的重要组成部分。可以说，它们是珊瑚礁中生物的多功能生活区——对于珊瑚虫来说，它们是“集体宿舍”；对于其他生物来说，它们是吃喝玩乐、躲避危险的重要场所。

珊瑚的主要成分为碳酸钙，它们由珊瑚虫分泌而来，是珊瑚虫的外骨骼。珊瑚虫的身体比较柔软，全靠这些钙质骨骼保护。但是珊瑚虫也因此受到了束缚，逐渐失去移动的能力。当珊瑚虫死去、尸体腐烂以后，这些钙质外壳便留下。一代又一代的珊瑚虫在它们“前辈”留下的钙质外壳上繁殖后代，形成新的骨骼，搭建新的“宿舍”。

但并不是所有的“宿舍”都可以形成珊瑚礁“城市”的一部分。一般来说，它们有两大类：非造礁珊瑚，即“单间宿舍”；造礁珊瑚，即“集体宿舍”。

非造礁珊瑚，顾名思义，不能形成珊瑚礁。它们多是单体，少数为小型的块状或枝状复体，“房间”数目少且独立分布。它们适应环境的能力强，在低温、各种深度的环境中均能存在。“单间宿舍”的“建筑师”不与虫黄藻共生，不同的种属有各自的分布范围。

这类“单间宿舍”在珊瑚中并不多见，更多的是“集体宿舍”造礁珊瑚。造礁珊瑚有70多属，主要分布于温暖、透明度高、贫营养的热带浅水海域。

珊瑚虫：兢兢业业的“建筑工程师”

珊瑚虫属于珊瑚虫纲，是腔肠动物门所有纲中最大的一个群体。腔肠动物大都有世代交替的现象——简单来说，就是有性世代与无性世代轮番出现，两个世代的形态不同。但是，珊瑚虫很特别，它是没有世代交替的腔肠动物，以水螅体的形态存在，喜欢在水流快、温度高的海域生活。

珊瑚虫为圆筒形。它的上部口端扩大，称为口盘。口盘中央，有一个椭圆形的口，周围有中空的触手环绕，有如头顶美丽的花环。珊瑚虫的基部称为基盘或足盘，能让珊瑚虫稳固地附着在硬物上或埋栖在泥沙质海底。口盘和基盘之间的柱体，称为珊瑚虫的体柱。珊瑚礁的“建筑工程师”造礁珊瑚虫在生长过程中能吸收海水中的钙和二氧化碳，外胚层分泌石灰质或角质的骨骼。

珊瑚虫主要捕食海水里细小的浮游生物，食物从口进入，残渣也从口排出。它们口的下方依次是短而粗的口道和消化循环腔。这些腔体由外胚层内陷而成，腔内有由体壁的内胚层和中胶层垂直内

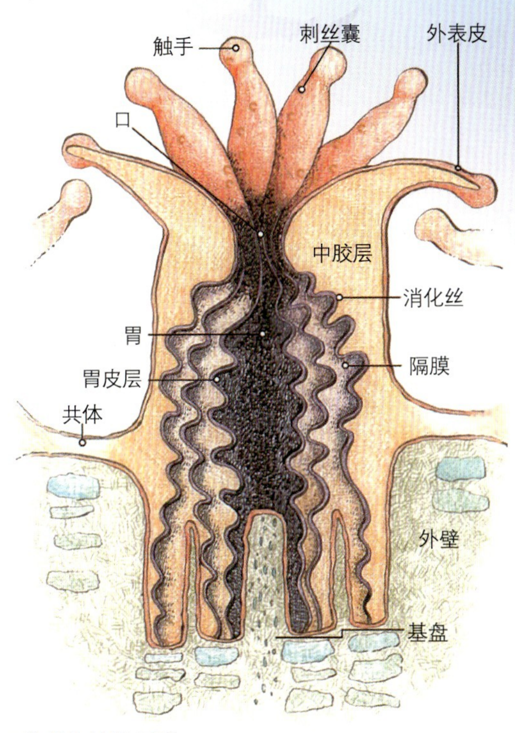

珊瑚虫结构示意

褶形成的纵形隔膜，它们把内腔分成许多小室，其上有隔膜，具有消化的功能。

珊瑚虫纲中，除了海葵类外，其他的珊瑚虫都有骨骼，但不同珊瑚虫的骨骼类型不尽相同：软珊瑚的骨骼，其实是软珊瑚的外胚层骨细胞中分泌的骨针，这些骨针进入中胶层内，成为软珊瑚体内的支撑。而石珊瑚、苍珊瑚的外胚层细胞直接分泌形成发达的外骨骼，如同"盔甲"一般存在于石珊瑚和苍珊瑚体外。角珊瑚和柳珊瑚的骨骼，则是由珊瑚硬蛋白构成的骨轴，构架起角珊瑚和柳珊瑚的珊瑚体。虽然结构各异，但它们都保护、支持着珊瑚体。

在海底，珊瑚虫是"建筑工程师"，建造出美丽的"集体宿舍"——珊瑚；经过长年累月的积累，"集体宿舍"越来越大，且"大方"地容纳着海洋中各种各样的生物或非生物，形成了美丽的珊瑚礁生态系统。

二、珊瑚大家族

走近珊瑚，你会发现，多姿多彩的珊瑚，必然拥有一个庞大的家族：叶子一般的海鳃、玛瑙色的红珊瑚、向阳花一样的海葵、如雄鹿鹿角般英气勃发的鹿角珊瑚……各具特色，是海洋生物界中从未过气的存在。

珊瑚家族的共性：如何认出珊瑚这一大家子？

珊瑚虫是腔肠动物中没有世代交替的一类，也就是说，珊瑚虫一直都是以同一个形态——水螅体度过它们的一生。大多数的珊瑚虫过着“群居”的生活，珊瑚群体从最初的一个小珊瑚虫开始，逐渐生长、壮大、丰富形成珊瑚礁。大多数珊瑚虫都会与虫黄藻等物种共生，使得珊瑚的营养成分更为丰富，共生物种亦有地可栖。

一般来说，珊瑚分为造礁珊瑚和非造礁珊瑚，前者主要指石珊瑚，后者主要包括海葵和软珊瑚。

海葵，顾名思义，“海中之葵”。它们没有自己的骨骼，只能锚靠在海底固定的物体上生活。海葵单体呈圆柱状，柱体开口端为口盘，封闭端为基盘。口部周围有充分伸展的触手，呈花瓣状，美丽又柔软。触手的数目因种属不同而异，但均为 6 的倍数，具有运动、摄食、自卫的作用。

石珊瑚也被称为硬珊瑚，如其称呼般“硬气”“坚强”，它们拥有以碳酸钙为主要成

海葵

石珊瑚

分的“铠甲”——骨骼。这些骨骼是由珊瑚虫及与它们相连的活体组织共同产生、沉淀而形成，具有保护珊瑚虫、抵御天敌的重要作用。石珊瑚造型丰富，板状、壳状、柱状等皆有；这些丰富的形态会随着栖息地、光线、水流运动的不同而不同。

然而，如果你以为软珊瑚没有硬质骨骼，那就大错特错了——毕竟命运是公平的，软珊瑚组织的硬度通常会因为由碳酸钙构成的小型骨片的存在而提高。它们形状多样，多为片状，也有的愈合成为管状甚至形成中轴骨骼。软珊瑚的形态也是不同的，有的呈树枝状或者鞭状，有的形成“叶瓣”。其骨片不能像石珊瑚的骨骼一般有强劲的防御作用，但是软珊瑚以柔克刚——通过化学防御手段，利用其萜类化合物对抗食肉动物。

珊瑚虫有雌雄异体，也有雌雄同体；其生殖方式包括有性生殖及无性生殖，但以有性生殖为主：约四分之一雌雄同体的珊瑚虫会繁殖产生雌雄异体群落，其余则产生雌雄同体的后代并形成群落。

软珊瑚

珊瑚的分类：翻阅珊瑚家族族谱

珊瑚虫大家族“人丁”兴旺，主要分布在热带、亚热带海域。家族有两大“派别”——八射珊瑚虫亚纲和六射珊瑚虫亚纲；前者包括了几乎所有的软珊瑚，后者包括了几乎所有的石珊瑚和海葵。这两大“派别”的区别在于它们的对称性。

前面提到，珊瑚虫“头顶花环”——口部的周围是一圈触手。这些触手的数量、形态，在珊瑚虫“分帮结派”、认出“自己人”的时候起着重要的作用。

八射珊瑚虫亚纲的珊瑚虫具有八个触手，具有八倍对称性。它们的触手为羽状，称为羽状分枝。在某些珊瑚中，它们的触手会简化成根；在另外一些珊瑚中，它们的羽状分枝则融合在一起，形成桨状。

六射珊瑚虫亚纲的珊瑚虫触手数量为六的倍数，具有六倍对称性。它们的触手上没有羽状分枝，多为圆柱形，且逐渐变细。珊瑚虫的触手在白天一般呈收缩状态，十分低调；到了晚上就会伸出，捕捉浮游生物及其他小生物。

以下重点介绍展示常见的造礁珊瑚，希望大家对珊瑚这个大家族有进一步的认识。

杯形珊瑚科

杯形珊瑚主要分布于印度洋—太平洋，是一种很常见的珊瑚。大多营群体生活，形成分枝状群体，但其珊瑚杯较小，一般是1~2毫米。颜色大多是褐色、粉红色或黄色。

埃氏杯形珊瑚生长于浅海礁平台或礁边缘，是水螅型的单体或群体动物，群体由粗大分枝构成，大而壮观，具钙质杯状外骨骼。其颜色多为褐色，滤食浮游生物。

杯形珊瑚分疣状杯形珊瑚、埃氏杯形珊瑚、浅杯排孔珊瑚等。

埃氏杯形珊瑚

疣状杯形珊瑚

浅杯排孔珊瑚

鹿角珊瑚科

鹿角珊瑚科是石珊瑚中种属最多的一科，其也营群体生活，珊瑚杯普遍较小。大多数鹿角珊瑚为棕色或绿色，但少数拥有明亮的颜色。鹿角珊瑚科的珊瑚虽然生长速度较快，但它对温度较为敏感，海水温度若是长时间超过 30℃，鹿角珊瑚很容易白化。

芽枝鹿角珊瑚——不像鹿角怪我咯

芽枝鹿角珊瑚由粗短强壮分枝组成，大多分布在浅海礁平台上，能抵抗海浪的冲击，其颜色主要为草绿色，还有黄褐色、茶褐色等。虽然叫芽枝鹿角珊瑚，但其群体的形状让人出乎意料，不像是分叉鹿角，而是伞房花序状。每个粗胖的枝丫顶端是一只体型较大的珊瑚虫，四周侧生的珊瑚虫依次排列。

芽枝鹿角珊瑚

矛枝鹿角珊瑚——乖巧的萌妹子

矛枝鹿角珊瑚短短胖胖的枝丫顶端，较大的珊瑚虫尤为突出，而侧生的珊瑚虫则较小。矛枝鹿角珊瑚多为褐色、褐绿色、紫色。其外形和名字虽然不如美丽鹿角珊瑚一般张扬，但漂亮的色彩和较为圆润小巧的体型，倒像是珊瑚世界中乖巧的萌妹子。

鹿角珊瑚科中的珊瑚还包括叶状蔷薇珊瑚、斑星蔷薇珊瑚、多孔鹿角珊瑚、美丽鹿角珊瑚等。

矛枝鹿角珊瑚

叶状蔷薇珊瑚

多孔鹿角珊瑚

美丽鹿角珊瑚

石芝珊瑚科

组成石芝珊瑚科的珊瑚虫是现生珊瑚虫中最大的，有单体和群体。其中，刺石芝珊瑚常见于珊瑚礁斜坡及潟湖，珊瑚体为长履形，两端圆而稍扁平。刺石芝珊瑚大部分为棕黄色，并带有一点绿色。辐石芝珊瑚的珊瑚体为椭圆形或圆形，珊瑚虫的触手呈长圆筒状，不管是白天还是黑夜都能尽情地伸展。

辐石芝珊瑚

楯形石芝珊瑚——这“灵芝”有触手，还有骨骼

楯形石芝珊瑚这个种属中的珊瑚个体，基本上都呈现出石芝的形状，因此其在众多形态的珊瑚中非常好辨认。仔细观察楯形石芝珊瑚会发现，富含共生藻的组织层之下有无数细小的锯齿状结构，这便是楯形石芝珊瑚的骨骼特征之一。为了补充维持生命

楯形石芝珊瑚

的营养，它们平时会靠体内的虫黄藻进行光合作用，同时也会伸出肉乎乎的小触手捕捉海水中的浮游生物。

铁星珊瑚科

铁星珊瑚科是一群种属和数量都很少的珊瑚，珊瑚体为团块状。其种属主要包括指形沙珊瑚和浅薄沙珊瑚。指形沙珊瑚比较少见，通常生长在水质清澈的浅海礁平台上，由柱状分枝及片状基底构成。浅薄沙珊瑚适应性较强，常见于各种类型的珊瑚礁环境中，为平铺表覆形或厚板叶形。

指形沙珊瑚

菌珊瑚科

菌珊瑚科广泛分布于印度洋和太平洋，生长于隐蔽的礁斜坡及潟湖，营群体生活，通常为团块状、板叶状或叶状。菌珊瑚科的种属有西沙珊瑚、皱纹厚丝珊瑚、标准厚丝珊瑚等。每一种属都有自己的特点。西沙珊瑚呈团块状生长在海底平台、礁斜坡上段或潟湖。皱纹厚丝珊瑚适应性较强，可在各种环境中存活，甚至是浑浊度稍高的海域，其群体为表覆形。标准厚丝珊瑚通常在珊瑚礁较隐蔽或浑浊度较高的环境里生长，群体呈薄片形或表覆形。

西沙珊瑚

标准厚丝珊瑚

皱纹厚丝珊瑚

滨珊瑚科

滨珊瑚科的珊瑚群体以团块状居多，看起来就像海洋中普通的岩石块一样，比起珊瑚礁里“吹泡泡”的泡囊珊瑚和形似灵芝的石芝珊瑚等，滨珊瑚真算不上有特色，因此在潜水的时候很容易被忽视。但滨珊瑚科有一个特别的地方，就是有几个种属的群体的体型特别大。

团块滨珊瑚——大块头有大智慧

在生长条件适合的情况下，团块滨珊瑚可以日积月累，长到数十米高，蔚为壮观。

团块滨珊瑚的颜色多为浅黄色、茶褐色，仿佛为海底世界上了一层“大地色系”的彩妆，虽然也有一些呈暗紫色的种群，但远不如其他珊瑚（如鹿角珊瑚）的颜色丰富。但正是这些不起眼又体型庞大的团块滨珊瑚，对许多珊瑚礁生物来说极富魅力。由于海螺、海胆等生物的侵蚀使团块滨珊瑚的石灰质骨骼凹凸不平，由此制造出了众多可以栖息的空间，给珊瑚鱼、珊瑚蟹、珊瑚虾等提供了“优质房源”。

生物的聚集地

团块滨珊瑚

团块滨珊瑚还是珊瑚研究者眼里绝佳的研究对象。对他们来说，体型大的团块滨珊瑚尽职地记录着当地的气候，骨子里埋藏着珊瑚礁悠久岁月的痕迹。

典型的滨珊瑚还有细柱滨珊瑚、澄黄滨珊瑚等。

细柱滨珊瑚

澄黄滨珊瑚

丛生盔形珊瑚

腐蚀刺柄珊瑚

枇杷珊瑚科

枇杷珊瑚科的珊瑚主要分布在印度洋和太平洋，营群体生活，其中包含有造礁珊瑚，也有非造礁珊瑚。该珊瑚科中主要有两种珊瑚，二者的生长环境有些差异。顶枝珊瑚是一种比较少见的珊瑚，通常在水循环及光照强度佳的潟湖或珊瑚礁环境中生长，呈分枝状。而丛生盔形珊瑚通常生长在珊瑚礁沙底的斜坡或受风浪影响较小的隐蔽处。

裸肋珊瑚科

裸肋珊瑚科中各种属营群体生活，广泛分布于印度洋—太平洋。主要包括腐蚀刺柄珊瑚、硬刺柄珊瑚和阔裸肋珊瑚等。

硬刺柄珊瑚

阔裸肋珊瑚

不同种属的珊瑚有各自独特的生长环境，其中腐蚀刺柄珊瑚生长于较隐蔽的珊瑚礁斜坡或潟湖区，呈表覆形或团块形。硬刺柄珊瑚则在水深较浅的珊瑚礁环境中能够生长、存活，群体由不规则的扁形分枝构成。阔裸肋珊瑚适应环境的能力强，为薄且不规则的丛形。

蜂巢珊瑚科

蜂巢珊瑚科作为石珊瑚中种属较多的一科，是珊瑚礁上最占优势的成员之一。

标准蜂巢珊瑚——又要晒太阳又要防晒

为了适应不同的生活环境与自身的发展、壮大，标准蜂巢珊瑚会使出浑身解数。在深度较浅、阳光充足的海域，它们善于“借力”虫黄藻和阳光——由于在该水层中，与珊瑚虫共生的虫黄藻能进行较强的光合作用，因此能获得更充足的营养，群体数量

标准蜂巢珊瑚

中华扁脑珊瑚

也较多。在较深的水层中，阳光较少，光合作用变弱，标准蜂巢珊瑚只能“自食其力”——通过捕食其他动物，获得营养。

接受阳光沐浴的同时，标准蜂巢珊瑚还需要采取防晒措施，珊瑚虫产生的一种荧光色素，可以在强光条件下，防止自身受到紫外线和光合作用有效辐射的伤害。标准蜂巢珊瑚的另一种防晒措施就是在白天阳光充足的时候收回自己的触手，只在晚上或者光线较弱的时间段摄食。

叉干星珊瑚、宝石刺孔珊瑚、中华扁脑珊瑚、多孔同星珊瑚等是蜂巢珊瑚科中常见的种属。

叉干星珊瑚

圆冠珊瑚

褶叶珊瑚科

褶叶珊瑚科中的造礁珊瑚，有单体和群体。其种属主要包括圆冠珊瑚、葡萄蓟珊瑚、菌状合叶珊瑚和直纹合叶珊瑚。圆冠珊瑚常见于隐蔽的珊瑚礁环境，为单体，形状近似圆形或椭圆形。菌状合叶珊瑚通常生长于海流稍强的珊瑚礁斜坡上缘，呈半球形或平铺的厚板叶形。

梳状珊瑚科

梳状珊瑚科广泛分布于印度洋—太平洋，珊瑚体普遍呈叶状并且非常薄。其中，粗糙刺叶珊瑚常见于礁斜坡较深处及潟湖环境中。

粗糙刺叶珊瑚

丁香珊瑚科

丁香珊瑚科主要分布在印度洋—太平洋，为群体生活，其形状有笙形、扇形。其种属主要包括泡囊珊瑚和肾形真叶珊瑚等。肾形真叶珊瑚常见于受风浪影响较小的珊瑚礁海域，由波纹形地板叶构成。

泡囊珊瑚——白天、黑夜两副面孔

泡囊珊瑚在受风浪影响小、隐蔽的珊瑚礁环境中生长，在中国南海也出现过它的身影。如果在白天潜水遇到它，会发现它就像水下的“葡萄串”，让人印象深刻。倘若晚上遇到它，可就变了副面孔。

泡囊珊瑚

肾形真叶珊瑚

泡囊珊瑚与其他生物共生

白天，泡囊珊瑚会吹起泡泡，以非常可爱的形象示人。到了晚上，便以捕食者的身份粉墨登场，不仅会收起它们萌萌的泡泡，还会伸出肉质的、布满刺细胞的触手，以捕食海水中的浮游生物。

泡囊珊瑚鼓起的囊胞里比其自身的触手中存在着更多的虫黄藻。所以白天泡囊珊瑚会选择让囊胞“打头阵”，让囊胞里的虫黄藻充分接收阳光，使光合效率达到最大值；而到了晚上则是布满刺细胞的触手享用美食的时刻，在失去阳光、囊胞“退居幕后”的夜晚，触手肆意摇摆，捕食效率大增。

在茫茫大海中，泡囊珊瑚并不是孤独的，它还有亲密的小伙伴——共生珊瑚虾或是珊瑚蟹。泡囊珊瑚会提供栖息、玩乐的家园，使珊瑚虾和珊瑚蟹在囊胞之间穿梭自如。泡囊珊瑚还为这些共生小伙伴提供美食，泡囊珊瑚表面分泌的富含蛋白质的黏液以及表面沾上的藻类，是共生小伙伴的最爱。“天下没有免费的午餐”，泡囊珊瑚可不是白白为共生小伙伴服务的，泡囊珊瑚也享受着小伙伴提供的清洁服务——珊瑚虾、珊

夜晚的泡囊珊瑚

瑚蟹可吃掉其他藻类，使囊胞里的虫黄藻能尽情地沐浴阳光；而珊瑚蟹甚至可以充当“保安”，赶走泡囊珊瑚的捕食者。

珊瑚家族的星探：挑选几种“有个性”的珊瑚

“人缘”佳的泡头海葵

前面说到了泡囊珊瑚，有一种海葵的名字，和其非常相似，叫泡头海葵。泡头海葵也叫四色海葵，有淡紫红色、橙色、红色和绿色。它们的球茎上长有富有特色的球茎尖，样子像奶嘴，因此也有别名“奶嘴海葵”。

和很多珊瑚一样，泡头海葵通过虫黄藻的光合作用获得维持生命活动的大部分能量；同时也为共生藻提供生长场所。但是，若没有足够的光照，泡头海葵就会把其中共生的虫黄藻排出，这一过程称为“漂白”。离开了共生藻，它们开始“郁郁寡欢”，不久后便会死亡。

泡头海葵

泡头海葵“人缘”不错，黄藻、海葵鱼等多种海洋生物都是其共同生活的小伙伴。海葵鱼可以帮助泡头海葵防御敌人，并提供部分营养。作为回报，茂密的泡头海葵为海葵鱼提供良好的庇荫。

比起较大的成体泡头海葵，年幼、未完全成型的泡头海葵“性格”更为阳光。它们通常生活在阳光充足、靠近地表的浅水海区，过群体生活。成体泡头海葵则更为“深沉冷酷”，触手密集，呈丝线状，常常出现在较暗的深水区。

会“易容”的火珊瑚

火珊瑚是一种很“硬”的软珊瑚。它们的外形和栖息环境均与石珊瑚相似，也能制造出坚硬的骨架，帮助建造珊瑚礁；但由于内部结构呈“渠道”状，导致它们的密度和硬度都比不上石珊瑚。

火珊瑚懂得“易容术”，形状多样——树状、板状、包壳状、花边状、叶状、盒状、柱状……它们的形状会随着所处环境中水流的变化而变化：在水流较弱的海区，它们会长出花边状的分枝，更为立体多样；在水流强度增大的海区，它们的分枝可以变成叶状、叶片状，甚至是盒状……因此，火珊瑚还有很多其他名字：分枝火珊瑚、叶片火珊瑚、箱形火珊瑚、刀状火珊瑚……

此外，火珊瑚威力不小。一旦触碰到火珊瑚，就会有刺痛感甚至是灼烧感。虽然这种刺痛感通常较为轻微，但对某些人而言，这种反应可能会一直持续并最终导致过敏性休克。所以，当潜水员、科研人

火珊瑚

员需要与火珊瑚“亲密互动”的时候，需要戴上手套。火珊瑚也由此在“江湖”上得名“刺珊瑚”。

火珊瑚是一种亟须重视及保护的珊瑚——它们被列入世界自然保护联盟濒危物种红色名录。

“珊瑚美人”加利福尼亚蕾丝珊瑚

加利福尼亚蕾丝珊瑚是蕾丝珊瑚科的一种，是珊瑚界中优雅美人的典范，有“水珊瑚”“玫瑰花边珊瑚”等美称。它们生长形态各异，从拥有公主裙一般的精致花边，到精密的树枝状网络；颜色鲜艳动人，有粉红色、白色、橙色、黄色、紫色，各有一番风味。

附着有贝类、螺类的蕾丝珊瑚

它们拥有令人羡慕的“纤纤擢素手”——触手较为纤细，生长在同一平面上；还有较厚的组织及光滑的表面。光滑的表面上有一排被称为胃孔的小孔，有大、小两种；较大的称为胃类息肉，会更多地停留在珊瑚内部而非向外延伸到珊瑚表面，兢兢业业地帮助加利福尼亚蕾丝珊瑚消化食物、沟通骨骼中的菌落。

它们是比较难“伺候”的“大小姐”——由于不依靠光来获取营养，它们往往容易因饮食不足而死亡；它们比较“挑食”，喜爱微型浮游动物、细菌微粒和小颗粒有机物。为了获取足够的食物，它们需要强大的水流及健壮的触手；触手中含有的有毒细胞也为它们猎取食物、自我保护如虎添翼。

加利福尼亚蕾丝珊瑚对生存环境的“挑剔”也有一定的好处——自然条件下，任何需要光照的珊瑚都不可能在它们附近生长，这为它们营造了足够的“私人空间”。

优秀的“猎手”树珊瑚

树珊瑚常常生长于礁坪、礁后斜坡、礁前斜坡，这些海区水流较为强烈。

树珊瑚是优秀的“猎手”，有着十分优越的“先天性身体条件”。它们的触手又长又细，可以完全收缩；触手之间有通道，用以排出水分；也有针状的硬石，用以支撑身体。

树珊瑚

它们还十分“机智”，有着多种摄食策略。它们一般捕获海水中微小的食物颗粒，如微型浮游生物等，或进食溶解的有机物，既便于吸收，又节省自身能量；还与虫黄藻共生，通过藻类获取营养。

“懒惰虫”黄太阳珊瑚

黄太阳珊瑚长得如火热的太阳——触须颜色很浅，大都为浅肉色或是淡金黄色，如同万丈光芒；结缔组织是黄色的，中心是淡橙色的，如同太阳的球体。它们并不参与

黄太阳珊瑚

脑珊瑚

建造珊瑚礁，是一种非造礁珊瑚。黄太阳珊瑚虫生活在坚硬的圆形管状结构中，身上覆盖着一层称为“结骨”的组织；生长缓慢，据说一年只长 4 厘米。

它是一种很“懒惰”的珊瑚虫，在白天，它们会羞涩地收缩，只展现出黄色的骨盘，看起来像一个球；到了晚上，肉质的触须才会伸展出来。当然，也有例外情况——如果遇上了食物，它们会展现出“吃货”本性，不论白天黑夜，都会伸出触须。

“聪明”的脑珊瑚

顾名思义，脑珊瑚，其外形与人的大脑皮层十分相似，呈圆形，体表有深深的凹槽，触手整齐划一地分布在珊瑚虫个体两侧，每一个脑珊瑚都由一群基因相同的珊瑚虫组成。这些珊瑚虫在造礁的过程中，不断地分泌碳酸钙，形成坚硬的骨架。

脑珊瑚是一种比较“有脑子”的珊瑚虫。白天会把触手包裹在表面的沟槽上，用以进行自我保护；到了夜间常常伸出触手捕捉食物，提高捕获率。同时，脑珊瑚的表面比较坚硬，能为自身提供良好的保护，以更好地抵御鱼类的破坏或风暴的侵袭。相比之下，其他的分枝珊瑚，如鹿角珊瑚，则更容易受到风暴破坏。

脑珊瑚

“阿凡达”蓝珊瑚

蓝珊瑚是珊瑚界的“阿凡达”——其骨架颜色为蓝色，在一众珊瑚中显得十分独特。其蓝色来自铁盐，颜色持久，这使得其相对其他珊瑚来说，更易于保存、识别。因此，它们在古生物学界中，是一项十分重要的研究材料。

蓝珊瑚的“缔造者”蓝珊瑚虫有八个触角，其聚集群落或呈柱状，或呈分枝状，或呈碟状。

尽管蓝珊瑚在某些地区十分常见，且分布范围较大，但它们还是被列在《濒危野生动植物物种国际贸易公约》中，也被世界自然保护联盟认定为“脆弱物种”。它们的总数量不详，且随着全球珊瑚礁的破坏，其数量正在

蓝珊瑚

减少；水族馆的捕获、栖息地的破坏、海洋酸化、气候变化等因素，都对蓝珊瑚构成了较大的威胁。

造型独特的桌珊瑚

桌珊瑚造型独特，长得如同小圆桌。在桌珊瑚的顶部和底部，均有可发光的小圆点，如同珠宝一般点缀在桌珊瑚上。它们的表面积比较大，能够和阳光充分接触，利于生长。

桌珊瑚由许多微小的分枝垂直或以一定的角度生长而形成，另一些小分枝则水平生长，实现珊瑚在体积上的拓展延伸。这些分枝有的分开，有的相互连接；靠近桌珊瑚中心的部分，这些分枝会联系得更加牢固。

桌珊瑚的表面有一层薄薄的组织，比较粗糙，且包含了许多其他生物，如虫黄藻、共生生物、单细胞生物……这些组织和生物，把桌珊瑚“打扮”成奶油色或浅棕色，甚至是淡蓝色。

桌珊瑚

三、珊瑚礁的美丽秘诀

珊瑚礁常以五彩斑斓的姿态示人，俨然美丽而高贵。珊瑚虫这群兢兢业业的“海底建筑师”除了把珊瑚礁建造得结结实实之外，更不忘展现珊瑚礁的美学价值。

或许你会心生疑惑，这样的美丽仅仅出自小小的珊瑚虫之手吗？还是海水中的其他生物？抑或是非生物环境？

没有一项伟大的工程能独自完成；任何壮丽的篇章都由亲密的合作者共同书写。对于珊瑚礁来说也是如此，整个珊瑚礁生态系统中的每一部分都功不可没。

“天生丽质”：珊瑚虫本色

珊瑚虫本身便是“天生丽质”，体内含有一定的色素，可展现出自己本身的颜色。

珊瑚虫所含的色素主要有两种：荧光色素和非荧光色素。

荧光色素，顾名思义，有荧光作用，是一种可以提供调节周围光环境的光生物体系。荧光色素中的绿色荧光蛋白是其中最具代表性的；这种荧光蛋白能够将有害的紫外线转化成绿光。倘若有幸夜潜，用紫色灯照射含有绿色荧光蛋白的珊瑚，蓝黑色的海水中便会泛出莹莹绿光。此外，荧光色素也起着“高光”或者“防晒”的作用。

有研究表明，荧光色素在较暗的环境下可以增强光亮度，提高珊瑚色泽。此外，在过强的阳光之下，荧光色素会散射掉与光合作用无关的波长的光能来提供光保护，防止珊瑚虫受到紫外线和光合作用有效辐射的伤害。

这些荧光色素在白天一般“隐形”，但是在高温期珊瑚褪色的时候，对保持自身靓丽的色彩功不可没。

非荧光色素，也叫普通色素蛋白，这些色素蛋白单纯地用来显色，而不具有或者极少有荧光效果。如珊瑚上常见的红色、紫色、蓝色等颜色。它们的主要生理功能在于将一部分强光反射来保护自身。常见的紫色矛枝鹿角珊瑚，它显示的紫色就是自身的非荧光色素的颜色。

“彩妆”共生藻

除了紫色外，矛枝鹿角珊瑚也有褐色、褐绿色的群体，这些颜色并不是珊瑚虫的本色。此外，其他珊瑚的颜色更是五彩斑斓。它们的五光十色，大都来源于“随身携带”的共生藻类。

珊瑚虫有两个胚层，本身带有咖啡、绿咖等色彩的共生藻类，如原绿球藻、虫黄藻等，大都生活在内胚层之中，且越接近珊瑚虫口部，共生藻密度越高；越接近珊瑚虫底部，共生藻越少。

虫黄藻

正常情况下，虫黄藻的色彩与珊瑚虫自身色素蛋白颜色相互叠加、作用，形成了常见的珊瑚的颜色，如绿咖色、黄咖色、红咖色……

当光线不足时，为了提高光合作用的效率，珊瑚虫体内的虫黄藻密度增加，虫黄藻在整体上颜色加深，且掩盖了珊瑚虫自身的色素色彩，使珊瑚呈现出黄褐色、绿褐色等颜色。

当环境光过于强烈时，虫黄藻产生的能量远远多于珊瑚虫所需要的能量。此时，珊瑚虫会排出一定量的虫黄藻，从而获得合理的总能量，这种行为称为“吐藻”。由于咖啡色的虫黄藻被逐渐吐出，珊瑚虫的颜色会逐渐变浅、变白，甚至慢慢变透明。当它们变透明的时候，珊瑚虫的生命也走到了尽头。

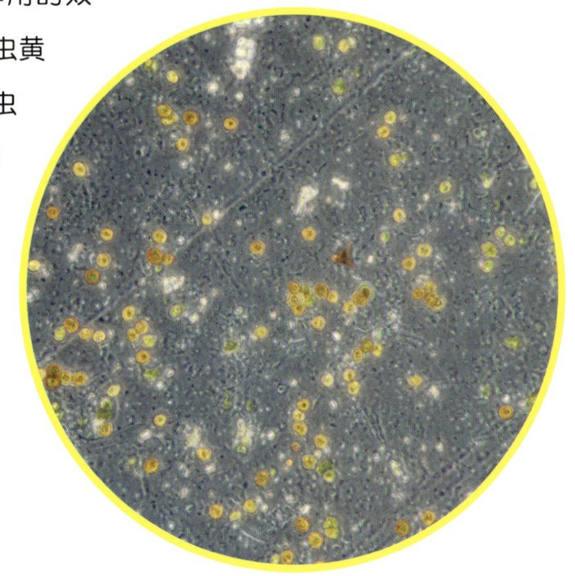

显微镜下与萼形柱珊瑚共生的虫黄藻

“相爱相杀”的珊瑚虫与共生藻

珊瑚虫和共生藻类之间的“情感故事”十分复杂，可以说是“相爱相杀”。

珊瑚虫与体内的共生藻共同生活、相互扶持，十分和睦。珊瑚虫为虫黄藻提供良好的居住环境，并且提供氮、磷等元素；而虫黄藻则将光合作用产生的 90% 能量供给珊瑚虫。

珊瑚虫十分“珍惜”和共生藻相互扶持的“情谊”，时刻“守护”着它们。珊瑚虫的外胚层含有大量的绿色荧光蛋白，它们如同防晒保护膜，可以抵挡过量的紫外线及蓝光，并将这些光转化为绿光，保护虫黄藻等共生藻，并调控这些藻类的安全生长。当光过强时，荧光蛋白的数量还会增多。

但是，珊瑚虫对于共生藻的数量控制十分严格。荧光蛋白的增多及珊瑚虫发出的荧光色也会对共生藻造成一定的伤害，被荧光蛋白转化成的绿光让外胚层中共生藻的繁殖速度变慢，“毫不留情”地抑制共生藻的过量生长，时刻保持自己能够“轻装上阵”。

了解珊瑚虫和共生藻的亲密关系具有十分重要的意义。一方面，大部分造礁珊瑚与共生藻存在共生现象，它们之间的关系是互利共赢，还是明争暗斗，都可能直接影响珊瑚礁的健康；而珊瑚礁在海洋生态系统中具有重要的作用，其健康与否会影响海洋生态系统的健康状况。另一方面，珊瑚虫和共生藻的亲密关系是科学界的一个重要范本，为科学家了解为何一种植物能在动物细胞中进行生命活动、相互调控影响提供了指引。

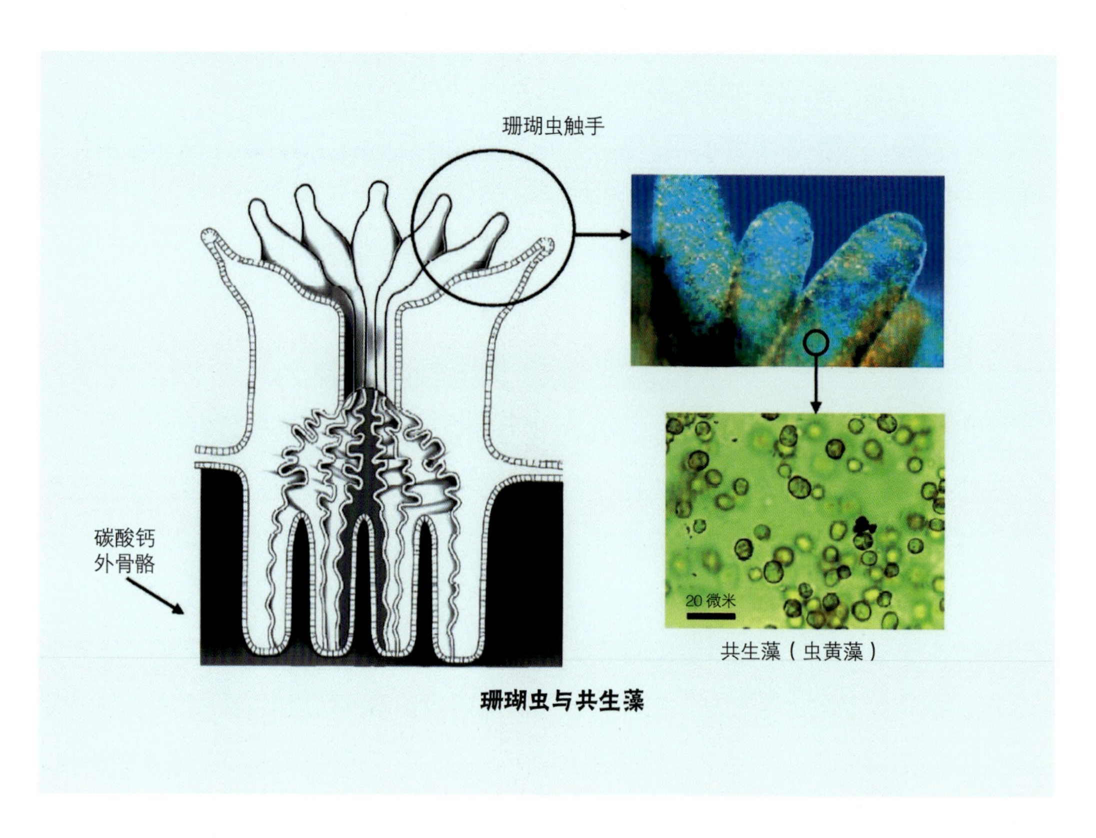

珊瑚虫与共生藻

四、珊瑚礁的化学成分

珊瑚礁的主要成分是碳酸钙，以文石或者微晶方解石的形态存在；结构常为颗粒状、集合粒状、灰泥。

珊瑚礁化学成分的来源多样，其中，珊瑚虫为“中流砥柱”。它们分泌出碳酸钙，形成微晶方解石，并进一步形成珊瑚礁的主要架构。

除了珊瑚虫具有“主场优势”外，其他海洋生物对于构建珊瑚礁也功不可没。贝类软体动物、绿藻、有孔虫等，常常提供文石颗粒；红藻、棘皮动物及粟粒虫等，带来高镁方解石颗粒；腕足类、介形虫、有孔虫则产生少量的低镁方解石颗粒；部分藻类、菌类等提供有机生物碎屑及灰泥……

此外，在海水中，“看不见”的溶解物质也为珊瑚礁的形成贡献力量。海水中溶解的部分有机质及碳酸盐会由于海洋中温度、压力、光照等条件的变化而沉积，成为珊瑚礁的一部分。

由此可见，珊瑚礁的形成，不仅仅是珊瑚虫的功劳，也少不了其他海洋生物及海水中其他有机物质、无机物质的助力。

虽然珊瑚礁“来路多、来头大”，但是它们也会“缩水”。构成珊瑚礁的大部分碳酸盐（主要是碳酸钙）在海洋中无时无刻不处于溶解态和固态的相对平衡中；当海水的酸碱度发生变化时，珊瑚礁中的碳酸盐会发生沉积或者溶解。酸度升高时，碳酸钙会溶解，离开珊瑚礁，成为海水中的一部分。

由于人类活动的影响，全球气候变暖，碳排放量增高，影响海水温度、酸度，进而影响珊瑚礁的生长环境。同时，碳酸钙、碳酸镁等碳酸盐因此溶解，珊瑚礁会受到损伤；珊瑚的骨骼密度将会降低，更容易受

到风暴、其他生物的侵蚀破坏；海水中碳酸根离子浓度的减少，会给珊瑚虫建立碳酸钙骨骼支架造成一定的难度。因此，关注珊瑚礁生态健康迫在眉睫。

五、珊瑚礁的演化

大多数珊瑚礁的形成历史还不到一万年。最后一个冰河时期，天寒地冻，融化的冰川导致海平面上升。随着群落的建立，珊瑚礁向上生长，海平面上升；但是在没有充足光线的情况下，上升太慢的珊瑚礁可能会被淹没。在远离大陆架的深海中，部分海底火山逐渐演化成珊瑚礁，在岛屿周围星星点点；板块运动抬升深海海床，珊瑚礁则出现。

珊瑚礁的“老祖宗”：微生物与钙质沉积物

已知的最古老的珊瑚礁由微生物－钙质有机沉积物组成，这些沉积物来自底栖微生物群落和碎屑或化学沉积物的相互作用。

在距今 35 亿年时，这些微生物岩沉积成为叠层石，这也可能是蓝藻的起源；在距今 19 亿年时，岩礁形成，开始形成明显的开放表面和群落。尔后，在寒武纪形成与礁洞相关的食腐动物，及放射亚纲——一种简单的杯状形态，即“珊瑚”。以上生物形成了最初的珊瑚礁。

这些珊瑚礁复杂多样，随着时间的推移分化成不同的群落，产生了古生代最多样化和生态复杂的珊瑚礁生态系统之一。

二叠纪早期的生物礁具有多叶的苔藓虫类；二叠纪晚期的珊瑚礁以生物碎屑沉积物和早期胶结物为主，但它们能够形成发育良好的边缘。

古老的珊瑚礁

泥盆纪中后期气候平静，海平面上升，在加拿大、欧洲、北非西部、中亚地区、中国南部、东南亚以及澳大利亚西部的坎宁盆地等地区出现了大量的珊瑚礁。它们主要由体型大的、严重钙化的交代岩——叠层孔状海绵和板状珊瑚，以及钙化的蓝藻构成。

现代珊瑚礁的“生命历程”

1842 年，达尔文提出了珊瑚礁“沉降说”——这也是较为认可的珊瑚礁发育演化的三大阶段。

起初，珊瑚礁环绕海岸且与附近的岛屿相连，此时为岸礁。随着岛屿缓慢下沉、岸礁以相同的速率向上生长，加上岸礁外侧环境条件更好，增长速度高于内侧，导致岸礁和海岸分开，中间有潟湖相隔，形成堡礁。岛屿会继续下沉，直至沉入海洋中，堡礁则继续向上生长，最终变成环绕潟湖的环礁。

现代珊瑚礁生态系统的生物种类丰富多彩，从低等的单细胞藻类到种子植物的红树，从原生动物到鱼类、爬行动物，从底栖生物到游泳动物。发展至今，珊瑚礁已经成了生态多样性极其丰富的“海洋热带雨林”及“热带海洋的绿洲”。

注视着珊瑚礁变化的见证者（地质年代表）

<table>
<tr><th colspan="4">地质时代、
地层单位及其代号</th><th colspan="2">同位素年龄
（百万年）</th><th colspan="2">构造阶段</th><th colspan="3">生物演化阶段</th><th rowspan="2">中国主要地质、生物现象</th><th rowspan="2">珊瑚演化阶段</th></tr>
<tr><th>宙（宇）</th><th>代（界）</th><th>纪（系）</th><th>世（统）</th><th>时间间距</th><th>距今年龄</th><th>大阶段</th><th>阶段</th><th colspan="2">动物</th><th>植物</th></tr>
<tr><td rowspan="2">显生宙(PH) Phanerozoic</td><td rowspan="2">新生代(Kz) Cenozoic</td><td rowspan="2">第四纪(Q) Quaternary</td><td>全新世(Q4/Qh) Holocene</td><td rowspan="2"></td><td>0.012</td><td rowspan="2">联合古陆解体</td><td rowspan="2">喜马拉雅阶段（新阿尔卑斯阶段）</td><td>人类出现</td><td rowspan="2">无脊椎动物继续演化发展</td><td rowspan="2">被子植物繁盛</td><td></td><td rowspan="2"></td></tr>
<tr><td>更新世(Q1 Q2 Q3/Qp) Pleistocene</td><td>2.6</td><td>哺乳动物繁盛</td><td>冰川广布，
黄土生成</td></tr>
<tr><td rowspan="2"></td><td rowspan="2"></td><td rowspan="2">新近纪(N)</td><td>上新世(N2) Pliocene</td><td rowspan="2"></td><td>5.3</td><td rowspan="2" colspan="2"></td><td rowspan="2" colspan="3"></td><td rowspan="2">西部造山运动，
东部低平，
湖泊广布</td><td rowspan="2">珊瑚发育爆发</td></tr>
<tr><td>中新世(N1) Miocene</td><td>23.3</td></tr>
<tr><td rowspan="3"></td><td rowspan="3"></td><td rowspan="3">古近纪(E)</td><td>渐新世(E3) Oligocene</td><td rowspan="3"></td><td>36.5</td><td rowspan="3" colspan="2"></td><td rowspan="3" colspan="3"></td><td>哺乳类分化</td><td rowspan="3"></td></tr>
<tr><td>始新世(E2) Eocene</td><td>53</td><td>蔬果繁盛，
哺乳类急速发展</td></tr>
<tr><td>古新世(E1) Palaeocene</td><td>65</td><td>（我国尚无古新世地层发现）</td></tr>
</table>

续表

地质时代、地层单位及其代号				同位素年龄（百万年）		构造阶段		生物演化阶段		中国主要地质、生物现象	珊瑚演化阶段
宙（宇）	代（界）	纪（系）	世（统）	时间间距	距今年龄	大阶段	阶段	动物	植物		
	中生代(Mz) Mesozoic	白垩纪(K) Cretaceous	晚白垩世(K2)		145		燕山阶段（老阿尔卑斯阶段）	爬行动物繁盛	裸子植物繁盛	造山作用强烈，火成岩活动，矿产生成	双壳类生物形成珊瑚礁
			早白垩世(K1)							恐龙极盛，中国南山俱成，大陆煤田生成	
		侏罗纪(J) Jurassic	晚侏罗世(J3)		201					中国南部最后一次海侵，恐龙哺乳类发育	
			中侏罗世(J2)								
			早侏罗世(J1)								
		三叠纪(T) Triassic	晚三叠世(T3)		252	联合古陆形成 印支—海西阶段	印支阶段	两栖动物繁盛	蕨类植物繁盛		
			中三叠世(T2)								
			早三叠世(T1)								
	晚古生代(Pz2)	二叠纪(P) Permian	晚二叠世(P2)		299	海西阶段				世界冰川广布，新南最大海侵，造山作用强烈	珊瑚发育爆发
			早二叠世(P1)								
		石炭纪(C) Carboniferous	晚石炭世(C3)		359					气候温热，煤田生成，爬行类昆虫产生，地形低平，珊瑚礁发育	
			中石炭世(C2)								
			早石炭世(C1)								

续表

地质时代、地层单位及其代号				同位素年龄（百万年）		构造阶段		生物演化阶段		中国主要地质、生物现象	珊瑚演化阶段
宙（宇）	代（界）	纪（系）	世（统）	时间间距	距今年龄	大阶段	阶段	动物	植物		
		泥盆纪(D) Devonian	晚泥盆世(D3)		419		海西阶段	鱼类繁盛	蕨类植物繁盛	森林发育，腕足类、鱼类极盛，两栖类发育	
			中泥盆世(D2)								
			早泥盆世(D1)								
	早古生代(Pz1)	志留纪(S) Silurian	晚志留世(S3)		444		加里东阶段	海生无脊椎动物繁盛	藻类及菌类繁盛	气候局部干燥，造山运动强烈，珊瑚礁发育	
			中志留世(S2)								
			早志留世(S1)					硬壳动物繁盛			
		奥陶纪(O) Ordovician	晚奥陶世(O3)		485				真核生物出现	地热低平，海水广布，无脊椎动物极繁，末期华北升起	
			中奥陶世(O2)								
			早奥陶世(O1)								
		寒武纪(Є) Cambrian	晚寒武世(Є3)		542					浅海广布，生物开始大量发展	珊瑚发育爆发
			中寒武世(Є2)								钙质藻类和古囊类形成珊瑚礁
			早寒武世(Є1)								
元古宙(PT) Precambrian	元古代(Pt) Proterozoic	新元古代(Pt3)	震旦纪(Z/Sn) Sinian	230	800				裸露动物繁盛	地形不平，冰川广布，晚期海侵加剧	
			青白口纪	200	1000						

续表

地质时代、地层单位及其代号				同位素年龄（百万年）		构造阶段		生物演化阶段		中国主要地质、生物现象	珊瑚演化阶段
宙（宇）	代（界）	纪（系）	世（统）	时间间距	距今年龄	大阶段	阶段	动物	植物		
元古宙(PT) Precambrian	元古代(Pt) Proterozoic	中元古代(Pt2)	蓟县纪	400	1400	地台形成	晋宁阶段		（绿藻）	沉积深厚造山变质强烈，火成岩活动，矿产生成	
			长城纪	400	1800						
		古元古代(Pt1)		700	2500		吕梁阶段		原核生物出现		
太古宙(AR)	太古代(Ar)	新太古代(Ar2)		500	3000				生命现象开始出现	早期基性喷发，继以造山作用，变质强烈，花岗岩侵入	
		古太古代(Ar1)		800	3800						
冥古宙(HD)					4600					地壳局部变动，大陆开始形成	

六、珊瑚礁的类型

前面提到达尔文提出了珊瑚礁“沉降说”，即把珊瑚礁按其成长的过程分为三大类型：裙礁、堡礁、环礁。

“三足鼎立”：裙礁 堡礁 环礁

裙礁

裙礁：“暗中观察”海洋状况

裙礁的宽度通常小于100米，但也有达几百米的情形，最终的宽度取决于海床开始急剧下降时的位置。它最初形成于低水位的海岸，随着体积的增大而向海扩展。

较古老的裙礁的外部区域向大海深处推进，内部区域因侵蚀而加深，最终形成潟湖。潟湖一般与海岸平行，可达数米深，更为裙礁“暗中观察”海洋状况提供了隐蔽的“掩护”。

裙礁主要由两个部分构成：礁坪和礁坡。礁坪也叫后礁，是向岸的、平坦的、较宽的礁区，它位于较浅的海域，当潮水退下时露出其神秘的面纱，仅仅向着外海一方微微倾斜。由于礁坪毗邻或接近陆地，其受到径流和沉积物的破坏最大，虽然风险较大，但也有着较为丰厚的回报——海草和软珊瑚时常在裙礁的礁坪处出现。

礁坡也叫前礁，位于裙礁的外边缘，靠近开阔的外海。随着礁坡逐渐向外海延伸，珊瑚的数量和物种多样性都大大增加。因为这里的径流和沉积物较少，且相较于礁坪区域，更大的波浪作用把污染物分散并将营养物质输送至此。

礁坡的上部叫作礁脊。阳光、海浪在这里均达到了最优质的状态，珊瑚在这里生长得最快；礁坡的底部接收到的阳光最少，珊瑚发育也最落后。

世界上规模最大的裙礁是澳大利亚的宁加洛礁，它沿着西澳大利亚海岸延伸。数以千计的座头鲸每年 7~10 月都会在这里往返迁徙，形成“座头鲸高速公路”，十分壮观。

在我国，海南岛是珊瑚裙礁发育广泛的地区之一。东岸拥有海南岛中规模最大的珊瑚裙礁区域。南岸作为我国重要的岸礁研究区，拥有发育状态良好的大量珊瑚岸礁。在海南岛的西岸和西北岸也拥有一定规模的岸礁。

宁加洛礁鸟瞰

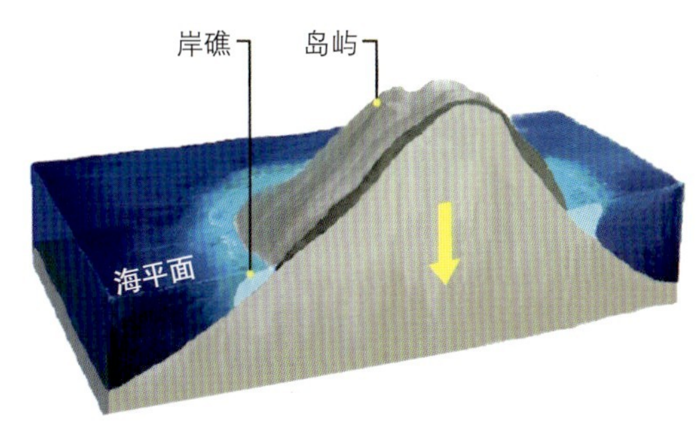

岸礁形成示意

堡礁：自成一派

堡礁，又称“离岸礁”，是珊瑚礁发展的第二阶段，在海床下降或海平面上升时形成。堡礁生长在距岸较远的浅海中，成带状延伸分布，并且礁体与海岸之间隔着一条宽带状的深水道或浅海潟湖。

相比起裙礁，堡礁附近的潟湖或者水道更宽，可达几十千米；但是深度一般不超过 100 米。而堡礁自身的宽度通常为数百米，常常隐没于水下，形成不连续的堤状岛屿；各个岛屿的间隔处有水道，负责沟通大洋与潟湖。它和陆地的联系极其不明显，“自成一派”。

堡礁在某些情况下也不都在水面下。当它们近海的外礁边缘形成于开阔水域，由于地壳上升，堡礁也会上升到离海面很高的地方，如在古巴、爪哇岛及牙买加群岛等地皆可看到出露于水面上的堡礁。

北半球规模最大的堡礁为伯利兹堡礁，它是中美洲大堡礁系统的主力部分，被达尔文钦定为“西印度群岛最引人注目的珊瑚礁”。

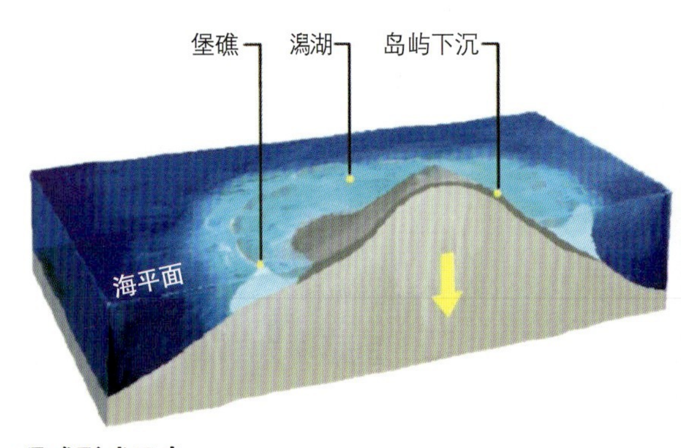

堡礁形成示意

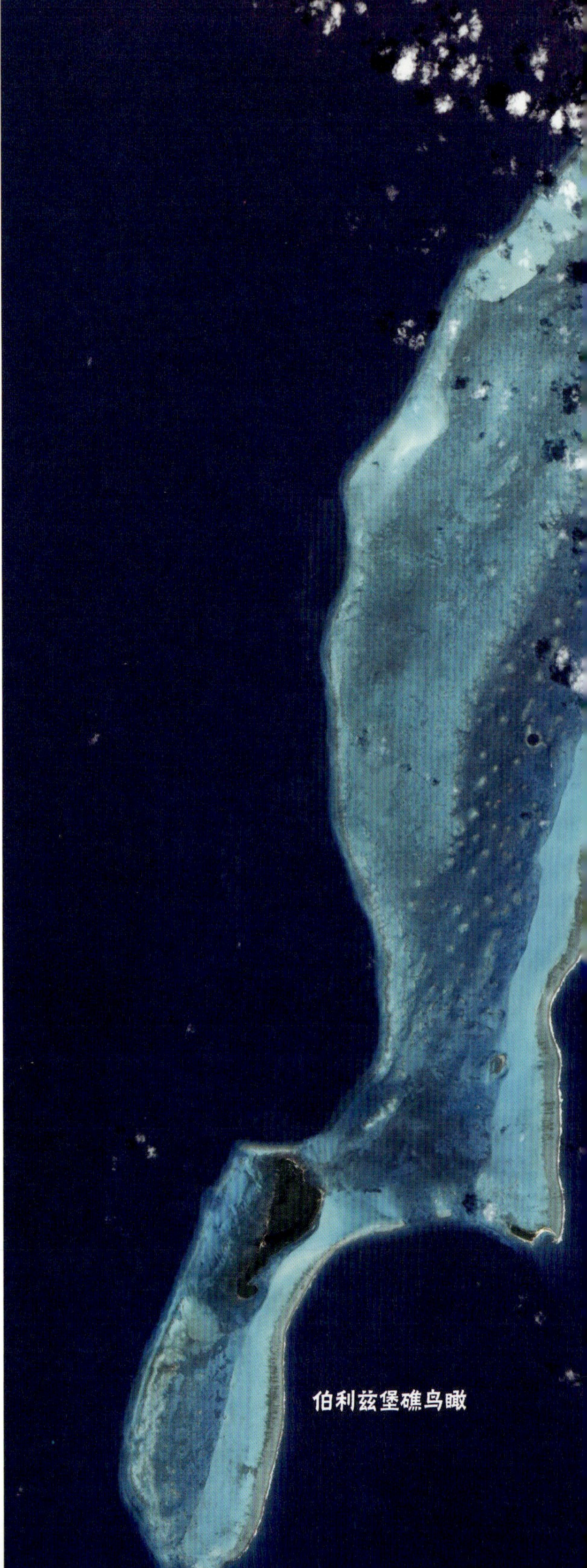

伯利兹堡礁鸟瞰

环礁：戒指一样的存在

环礁，即环状珊瑚礁，其形状像戒指一般，包括珊瑚礁及其环绕的潟湖两大部分。环礁的边缘一直保持在水面之上；只有当海水对环礁的侵蚀速度或礁体的下沉速度低于环礁向外、向上生长的速度，环礁才能够维持下去。

达尔文认为，环礁的初始形态源于将要灭绝的火山岛；随着岛屿和海底的下沉，珊瑚生长形成裙礁（通常包括陆地和主礁之间的潟湖）；随着岛屿和海底下沉的继续，裙礁变成了一个更大的暗礁，即堡礁，它离海岸更远，有一个更大更深的潟湖；最终，中部的岛屿沉入海底，堡礁成为环礁，包围着一个与外海沟通的潟湖。由于岛屿和海底的下沉与所处海区的温度有关，故在较冷的海区，如极地，其岛屿面向海山；在较温暖的海区，如靠近赤道的地方，岛屿向环礁演化，如库尔环礁。

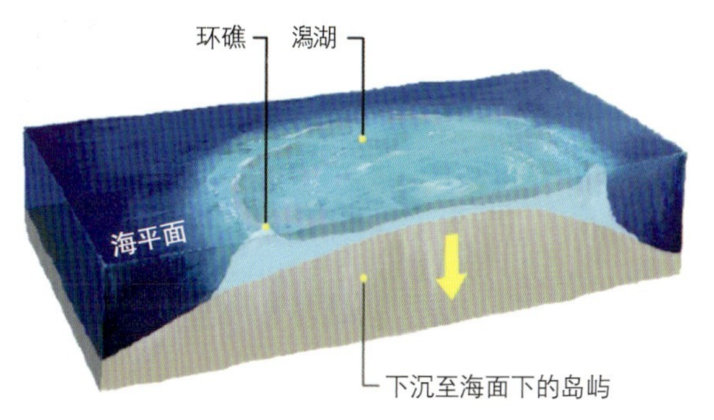

环礁形成示意

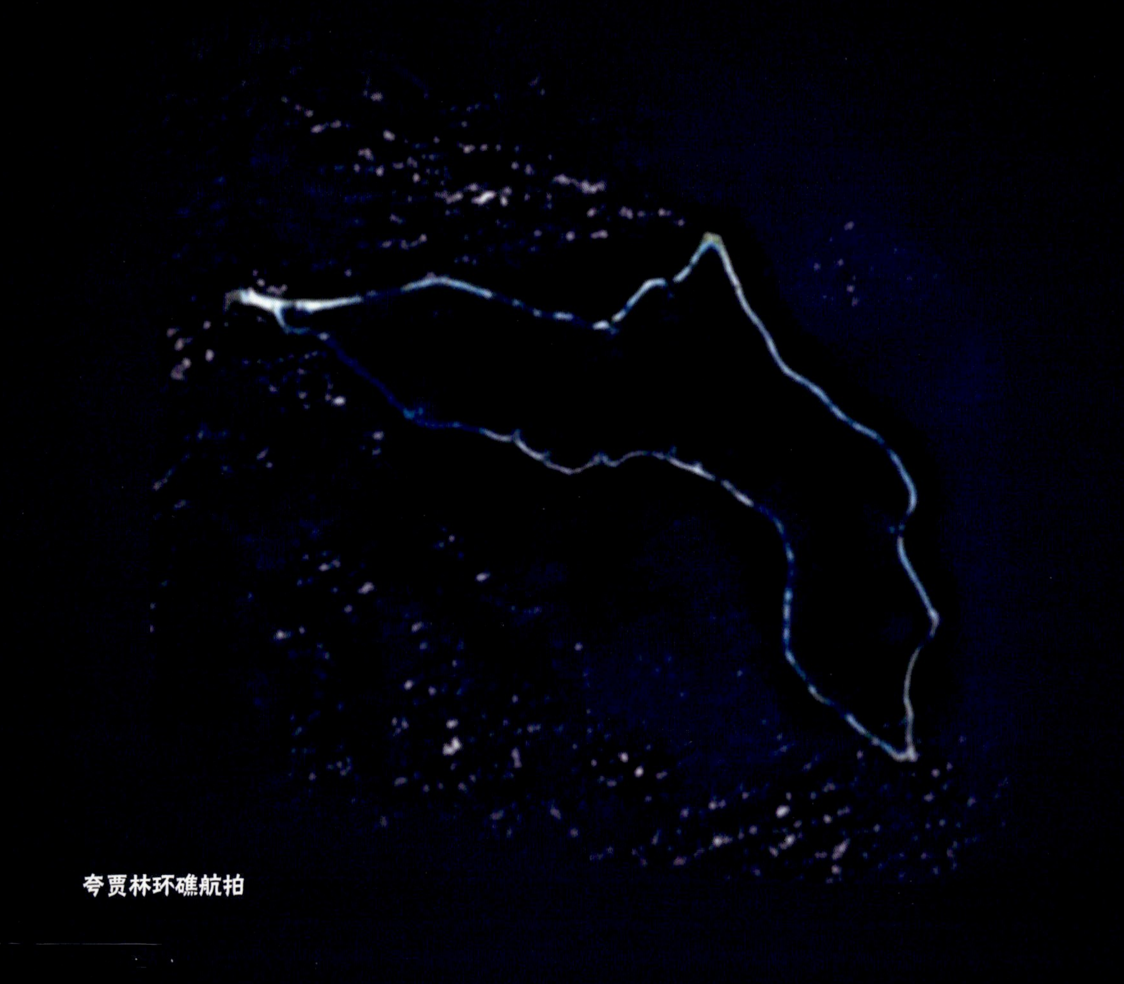

夸贾林环礁航拍

世界上多数的环礁分布在太平洋和印度洋；而在大西洋，除了尼加拉瓜东部的八个环礁外，没有大型的环礁。

从封闭海域面积来看，夸贾林环礁是世界上最大的珊瑚环礁。它由 97 个岛屿和小岛组成，环绕着世界上最大的潟湖。在印度洋中，还有三个独特的加勒比环礁——德尔菲环礁、格洛弗礁和灯塔礁。灯塔礁是伯利兹最偏东的潜水区，也是蓝洞的所在地；德尔菲环礁位于伯利兹市东部，是离首都最近的环礁之一。

其他类型礁体

除了裙礁、堡礁、环礁三大类型外，珊瑚礁还有其他划分方式，构成许许多多“小众族群”。如根据形态，珊瑚礁可以分为台礁、点礁、圆丘礁、塔礁、马蹄礁、层状礁、带状礁等；根据礁体与海平面的关系，珊瑚礁可以分为上升礁和溺礁等。

台礁

台礁是一种平顶孤立的珊瑚礁礁盘，一般在大陆架上形成，大小不一，椭圆形。它们的一部分可以到达水面，形成沙洲和小岛，周围可能形成礁石的边缘，中间有潟湖。

带状礁

带状礁在珊瑚礁中“身材”最“苗条”，长而窄；“身姿”也最“婀娜”，比较曲折。它们也被称为搁岸礁或槛礁，通常与环礁潟湖相联系。

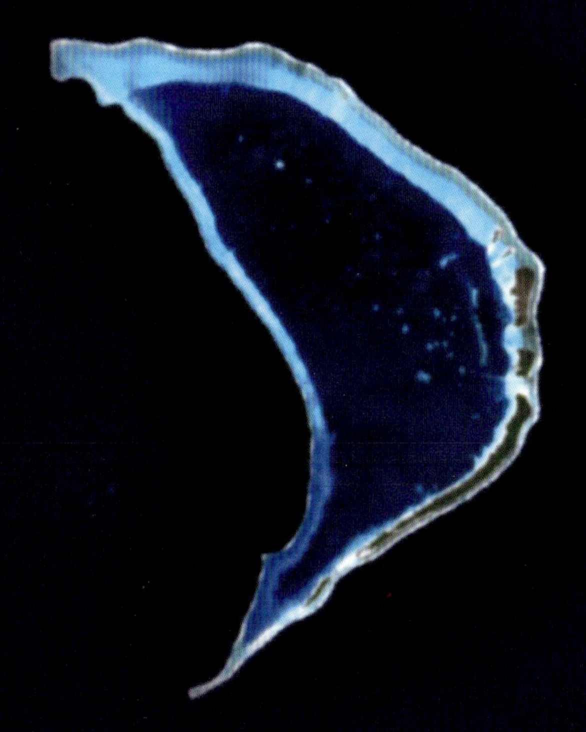

马绍尔环礁航拍

珊瑚礁生态系统

一、珊瑚礁的形成条件

珊瑚礁对环境的要求十分严格，因此其成长需要多方助力和配合。

舒适的生活条件：海水盐度、温度、深度、光照

珊瑚虫喜欢在盐度范围为 34~36 的海域生活，造礁珊瑚在盐度为 27~40 的海水中也可以生长。恰到好处的盐分给予了它们健康的身体。因为海水的盐度会影响珊瑚虫的渗透压；不同离子，如碳酸根离子、钙离子、镁离子等参与沉积的离子的含量，及珊瑚虫所需营养盐的浓度，也会对珊瑚礁的形成造成一定影响。

珊瑚虫生长的水温为 20°C~30°C，而 23°C~27°C 为造礁珊瑚生长发育的最佳水温。在热带或亚热带海域，水温合适，会促进珊瑚虫的生长发育；但在如中国台湾等气候季节变化较大的海域，水温不稳定，对珊瑚虫生长会有一定的抑制作用。

一般而言，珊瑚虫生长的水深范围为共生藻如虫黄藻等顺利进行光合作用所需要的深度，珊瑚虫生活的最佳水深为 20 米左右。只有充足、合适的光照，才能保证共生藻产生并为珊瑚虫提供足够的能量，珊瑚礁才得以构建。

经历挫折：侵蚀作用

珊瑚礁在成长过程中也会经历风风雨雨，其中，侵蚀作用是珊瑚礁“人生”中的主要挫折。

一般来说，迎风浪一侧礁体发育较好，形成如新月形和马蹄形礁体的凸面；若风浪有季节性变化，珊瑚礁的形状会呈现双马蹄形。根据珊瑚礁礁体的形状可判断古风向；若珊瑚礁发育较差或者无发育礁体的痕迹，则可能有过强的风浪侵蚀过，珊瑚虫在基底上难以固着。

此外，海平面的变动会影响海水对礁体的覆盖程度，进而产生海水侵蚀作用。海水的来去覆盖，会影响珊瑚礁的形成与珊瑚礁的发育、延伸方向。当海平面比较平稳时，珊瑚礁呈现平铺状态，且厚度较小。当海平面上升、海底下沉时，珊瑚礁的礁体更立体，且厚度较高；它们或露出水面，呈现塔形、柱形等，或沉溺于水中，成为溺礁。当海平面下沉、海底上升时，有些礁体会裸露一部分，形成隆起礁。

生活场所：海底地形

无论在深海还是浅海，珊瑚礁总是生长在海底的正地形上，如大洋中的平顶海山、海底火山、大陆架的边缘堤、大陆隆等。这些地形的水动力作用不一样，因而对珊瑚礁礁体的发育有很大的影响。

在水深极浅的平缓海底，水流较为稳定，往往形成离岸礁；而在岸坡较陡，水流多变的地段，则礁体紧贴岸线发育。

成长的同伴：藻类

珊瑚礁在成长的过程中，需要其他生物的陪伴与帮助，其中最重要的“朋友”便是藻类。

虫黄藻在造礁珊瑚内胚层生长，吸收造礁珊瑚排出的二氧化碳进行光合作用，产生珊瑚生命活动所需的能量；同时为珊瑚虫提供钙质形成骨骼中的有机成分，两者是相互依存的共生关系。

红藻中的珊瑚藻是完全钙化藻，可形成层状骨架，参与造礁。

藻类还可以作为“黏合剂”黏结礁骨架和生物屑；此外，藻类还有富镁作用，可形成高镁方解石。

深海珊瑚礁与浅海珊瑚礁

深海珊瑚礁

深海珊瑚礁生活在水深较深的海域，水深一般为 200~1000 米，最深可达 3000 米。

深水环境中水温较低，一般在 20℃以下；光照微弱；相比中上层海水，营养盐含量较低。

为了适应环境，深海珊瑚礁不将阳光作为首要能源，而是利用水体中的营养物质供给自身能量。因此，与浅海珊瑚礁相比，深海珊瑚礁的生长速度非常缓慢。

另外，深海珊瑚礁容易受到现代化捕鱼技术的威胁。深海拖网可以在几分钟内破坏整个在数千年里缓慢成长起来的珊瑚礁。

浅海珊瑚礁

浅海珊瑚礁分布在水深较浅的海域，一般位于大陆架的浅水中，多处于水深 500 米以上的水体。

浅水环境中，水温常年高于 20℃；阳光较为充沛；淡水带来一部分营养物质，水体营养盐较为丰富。

浅海珊瑚礁一般通过虫黄藻等共生藻类的光合作用获取生命活动所需要的能量。与深海珊瑚礁相比，浅海珊瑚礁的生长速度比较快。

珊瑚与蓝藻

深海珊瑚礁与浅海珊瑚礁的对比

	深海珊瑚礁	浅海珊瑚礁
水深	200~1000 米，最深可达 3000 米	500 米以上
温度	20℃以下	20℃以上
光照	极其微弱	充足
营养盐	贫瘠	丰富
主要能量来源	水体中的营养物质	虫黄藻等共生藻的光合作用
生长速度	较慢	较快

二、珊瑚礁的区段

珊瑚礁的体积一般比较庞大，因此不同的部位容易受到诸多因素的影响。

在不同强度的水波、洋流，不同沉积层的成分，高低不等的水温，不同深度带来的光照和压力等影响下，“海底城市”珊瑚礁有着许许多多不同的“分区”。

暗礁平面、礁冠、礁前坡和脚根基是珊瑚礁的典型区段，它们相互联系；在这几个区段上，珊瑚礁生态系统和海洋环境相互作用，沟通海水、交换沉积物、传递营养物质，为许许多多的珊瑚礁生命及无机环境创造了极佳的条件。

珊瑚礁的三相带

珊瑚礁表面的水总是被搅动，难得安宁。水波从开阔外洋向珊瑚礁推进，“淡定从容”。但是，当水波穿过礁底，开始遇上逐渐陡峭的礁坡或前礁时，就开始“不淡定”了——水波的波高变高、变碎，能量逐渐被消耗，海浪速度变慢，最后越过浅滩礁顶及暗礁平面。

一般而言，珊瑚礁由三个基本相带组成：礁前带、礁核带和礁后带。

礁前带包括礁前塌积和礁斜坡，朝向开阔外海，较为倾斜；礁核带也叫礁顶带，包括珊瑚丛生带、砾堤、暗礁平面和礁塘；礁后带则包含海滩、砂坝和潟湖，靠近或者连接并过渡到陆地。

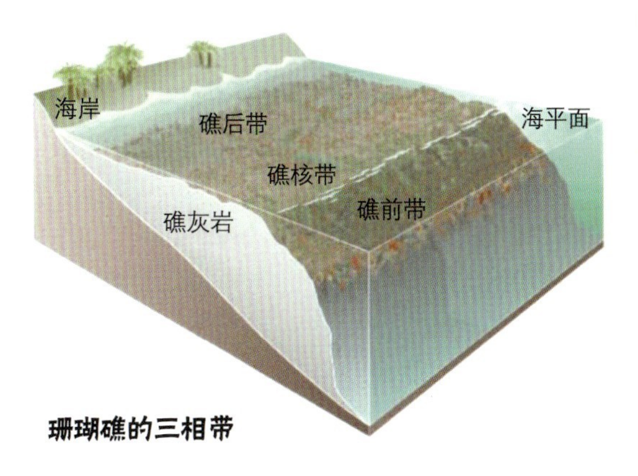

珊瑚礁的三相带

珊瑚礁典型四区段

暗礁平面：最热闹的区段

暗礁平面是珊瑚礁中处于海水水位最浅的部分，环境及生物因素变化多端，是珊瑚礁中最热闹的区段，无论是阳光、风浪、潮水，还是珊瑚礁动物、植物，都乐于在此区段开展“社交活动”。

由于处于最浅的区段，暗礁平面极容易受到浪涌和潮汐的影响。当波浪穿过浅水区时，波浪变高、变慢，此处的水体也经常被搅动，为珊瑚的发育提供了良好的条件：浅水区，阳光充沛，共生虫黄藻“心满意足”地进行光合作用，与珊瑚虫互利互惠；激荡的海水为珊瑚礁带来丰富的浮游生物，珊瑚礁生气勃勃。

暗礁平面旁边是礁外底。这片围绕着礁石的浅海底有丰富的海草，因而成为重要的珊瑚礁鱼类觅食区。

但是这样的附属结构并非所有珊瑚礁都拥有——热带岛屿和环礁周围的暗礁极其陡峭，一般会延伸到很深的地方，没有这样的礁外底。

礁冠：随时间变化

礁冠是长条状且较为平坦的礁顶形态，在前礁和后礁之间，位于海平面下方，被海水浸润。

礁冠由珊瑚、钙质藻类、珊瑚礁动物提供的碎屑及沙石共同堆积而成。其宽度、倾斜度等特性与波浪的传播变形、水量的增减等相互影响，会随着时间的变化而改变。

礁前坡：陡峭的过渡带

礁前坡是礁前带的一部分，亦称礁坪前坡，其下方有礁前塌积，是过渡到珊瑚丛生带的区域。

礁前塌积坡度较为和缓，塌积物主要来源于礁体核心，粗细混杂，有直径达数米的大型沉积物，也有极其细小的生物碎屑。这些沉积物在重力作用下，以崩塌和滑移等方式运移并堆积。

经过了礁前塌积的过渡，礁前坡直接进入坡度达 50° 以上的陡峭状态。坡平面上，常常呈槽沟与礁脊相间排列，一般为硬质底。

脚根基："潜伏"海底

珊瑚礁的脚根基是珊瑚礁基床的一部分，为珊瑚礁的重要基石，可以说是珊瑚礁的"安身立命"之本，"潜伏"在海底。

脚根基主要由珊瑚、多种生物的有机碎屑、沙砾共同组成，维系着珊瑚礁的安稳。

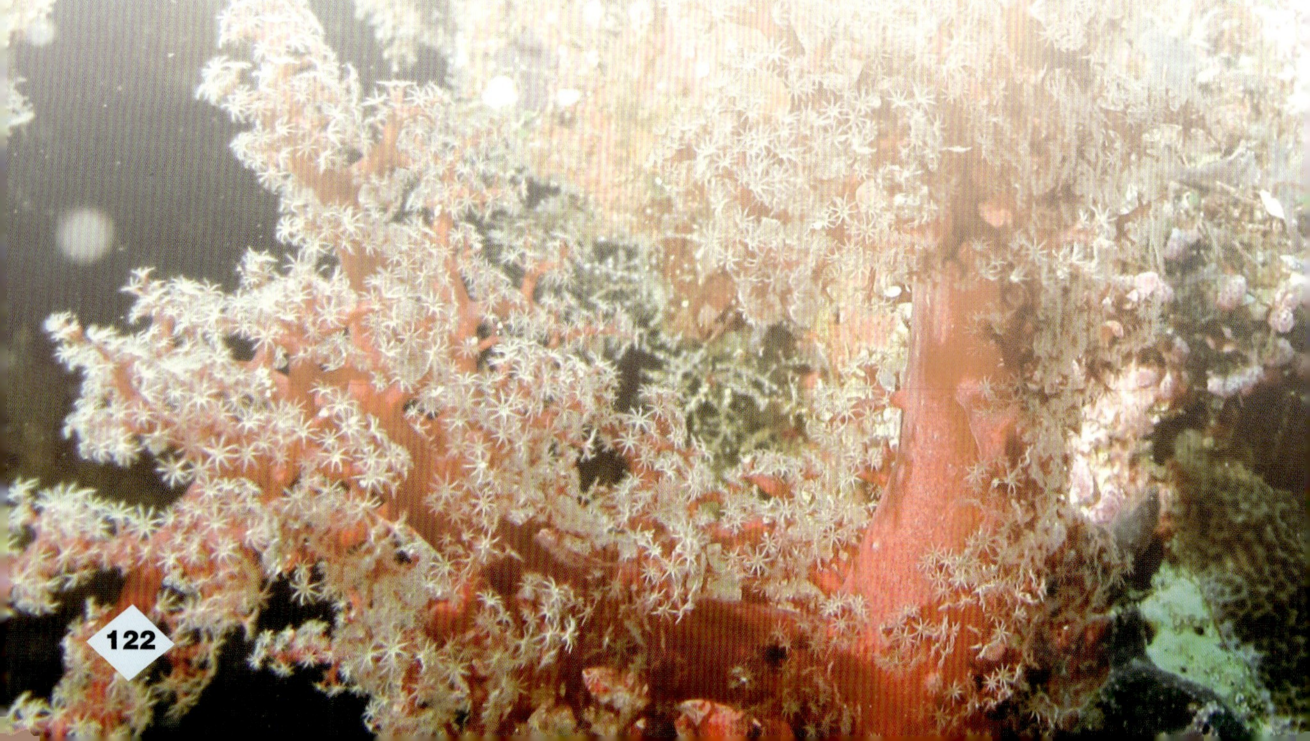

三、珊瑚礁里的生命

珊瑚礁是世界上最具生产力的生态系统之一，孕育并支持着多种热带、亚热带海洋生命的发育、成长、壮大。

时而俯冲下水的海鸟，游弋多姿的鱼儿，形态各异的海绵，美轮美奂的珊瑚、水母等刺胞动物，神气活现的虾、蟹等节肢动物，蛰伏海底的海星、海胆、海参等棘皮动物，微小的蠕虫，缓慢游动的海龟，时而浮出水面的海豚……珊瑚礁是形形色色的海洋生物的乐园。

同一珊瑚礁也可能在一天中的不同时间段有着不同的访客：神秘的夜间“黑衣侠客”，如松鼠鱼等，白天会躲藏起来，直到夜晚才出来捕食；而在白天，鲨鱼则大摇大摆地在珊瑚礁附近等待自投罗网的猎物。

海藻、海草

海藻

对于珊瑚礁来说，海藻是它们生存的“必需品”。虽然不像许多陆地植物那样有根、茎、叶、花，但是海藻依然是海洋中的“能量转化担当”。它们可以把阳光中的能量转化为珊瑚礁中各种生物生存发育所需要的能量形式，维持着珊瑚礁系统的生生不息、五彩斑斓。

常见的海藻主要有三种，即绿藻、红藻、褐藻；虽然都是珊瑚礁生态系统的重要组成部分，但是这三种海藻各有特色。

绿藻

绿藻是珊瑚礁生态系统中不可或缺的组成部分。事实上，相比起其他珊瑚礁植物来说，绿藻略显“霸道”。当绿藻和珊瑚礁“和平共处”的时候，绿藻便在礁体上生活，为鱼类提供食物。然而，当浅海区突然“营养过剩”，如大量废水涌入、带来丰富的营养元素时，绿藻便会“野蛮生长”。

仙掌藻为一类绿色的含钙微藻类，有多个具体的种类。它们由卵圆形不规则的片状结构拼接而成，如同一串串绿色的钱币；

仙掌藻

红藻

它们也叫钙藻，能帮助建造和修补珊瑚礁。仙掌藻中坚硬的钙酸盐会破裂，这些碎片掉落到珊瑚礁底面，在水波和洋流的作用下，大多数被侵蚀成颗粒和沙子并冲到礁湖、沉积在沙质海底；少数则被水流携带至珊瑚礁的其他部分沉积，沉积物往往会停留在珊瑚礁的缝隙和孔洞中，最终成为珊瑚礁的一部分。

红藻

由于拥有藻红蛋白，红藻可以吸收蓝光、反射红光，因此在珊瑚礁生态系统的藻类中拥有一抹靓丽的红。红藻富含维生素和蛋白质，是人类喜爱的食物。

珊瑚藻

珊瑚藻为一类特殊的红藻，它们进化了上百万年，是红藻中的“老前辈”，在珊瑚礁的形成过程中举足轻重。珊瑚藻分布广泛，在大多数的热带及温带海岸带、大陆架中颇有“地位”，有些甚至生长在冷水海域。

褐藻

褐藻是一群较高级的藻类，由于含有褐色素（墨角藻黄素）和绿色素（叶绿素），且色素的比例在不同的褐藻各不相同，它们便拥有从暗褐到橄榄绿的颜色。

褐藻均为多细胞体，充气的气囊使叶状体的光合部分始终浮于或接近水体表面。它们有着细丝状、肉质的叶柄。大多数褐藻都用吸盘吸附在大陆沿岸的浅海底面，或者珊瑚礁上。

马尾藻是褐藻的一个属。它们“不走寻常路”，通常漂浮在近岸的有珊瑚礁的海水中。对人类来说，马尾藻有很大的利用价值——其褐藻淀粉含量较高，经磺化加工可得到褐藻淀粉硫酸酯，代替肝素，具有抗高血脂的作用；含有丰富的褐藻胶、褐藻糖胶、半纤维素和纤维素等，可作为高活性膳食纤维的优质原料。

马尾藻

海草

珊瑚礁、红树林、海草床常常被并举为三大典型海洋生态系统，各显神通地为地球生态系统增添色彩。

海草和海藻，看上去仿佛是有“血缘关系”，实际上是不一样的。比起海藻，海草更为“高级”——它们开花，有导管，与很多陆上的植物有相似的结构。与海藻相似的是，海草也通过光合作用来完成能量转换，常常在珊瑚礁附近的浅水区生活。

海草是珊瑚礁生态系统中的“雷锋”。活着的时候，海草是数一数二的“氧气担当”，承担着珊瑚礁生态系统中的主要氧气来源；对于珊瑚礁的动物而言，它们更是优质的栖息、庇护场所。死后，它们的躯体、营养物质成为珊瑚礁的重要营养来源，依然为海洋生态系统贡献自己的能量。

海草

管海绵

海绵动物、刺胞动物

海绵

虽然海绵长得很像植物，但它们实际上是海洋中最“资深”、最原始的动物之一。海绵形态各异，色彩斑斓；大多数都很小，但也有能长到直径1.8米的个头；它们没有真正的组织或者器官，只是很多个细胞的简单聚集体。

海绵动物中，硬质海绵纲中的约十几种海绵生活在热带的浅穴或深穴下的珊瑚上，它们对于珊瑚礁生态系统的运作至关重要。海绵的体表有很多细小的孔，身体内部有完整的“管道系统”，负责“把关”和“筛选”进入珊瑚礁生态系统的物质。海绵可以把珊瑚礁中的藻类、珊瑚虫等产生的有机物质过滤，并将它们转化成小颗粒物质，再交付给藻类、珊瑚虫等吸收。

管海绵是一种常见的珊瑚礁海绵，具有鲜明的“个人特色”——长得像长长的管子。海水通过管海绵体表的孔的过滤进入管海绵的身体内，海绵滤食完海水中的微小颗粒后又将它们从大大的“管口”排出。管海绵颜色多样，有紫色、蓝色、灰色、灰绿色；其中，蓝色的管海绵是少有的珊瑚礁无脊椎动物中的蓝色生物。

海鞘

在珊瑚礁周围，有一种动物与海绵“长相”相似，可谓上演了一出“真假海绵大戏”，这就是海鞘。与海绵一样，海鞘也是滤食性动物。海水从入水管口进入海鞘体内，食物经过咽部、胃、肠的消化，残渣从出水管口排出体外。

蓝风铃海鞘是珊瑚礁中常见的一种海鞘，它们的外表如蓝色的小瓶子一般精致可爱。蓝风铃的最外层是一种特殊的外骨骼，这种外骨骼由纤维素及其他蛋白质组成；不像其他无脊椎动物一样外骨骼定期脱落，蓝风铃海鞘的外骨骼会一路伴随其生长。

蓝风铃海鞘

水母

水母，全身约98%由水构成。没有大脑、没有心、没有血肉，但它们是海洋中最古老的生物之一。

水母有体腔、触手，常常在珊瑚礁四周游动。当它们觅食的时候，触手便是它们强有力的工具；有时候，它们的触手还会成为一些小鱼的“生命保护伞”——小鱼有可能躲藏在水母的触手后面，以防自己沦为海龟的餐后点心。

水母除了在海里生活外，它们还曾经上过天。在20世纪90年代初期的时候，为了测试水母在无重力环境中的生存状况，美国国家航空航天局（NASA）曾经把水母送上哥伦比亚空间站去做实验。和人类一样，水母也依靠着一系列特殊的重力感应钙质晶体结构来定位，所以，研究水母在太空的情况，可以为人类在太空中出现的状况提供一定的预测性帮助。

在澳大利亚大堡礁，有30多种箱水母愉快地生活着。它们的外形像方形的箱子；成年后可达足球那么大，呈蘑菇状，近乎透明。箱水母运动方式奇特，不同于其他水母的随波逐流，它们由体内喷出

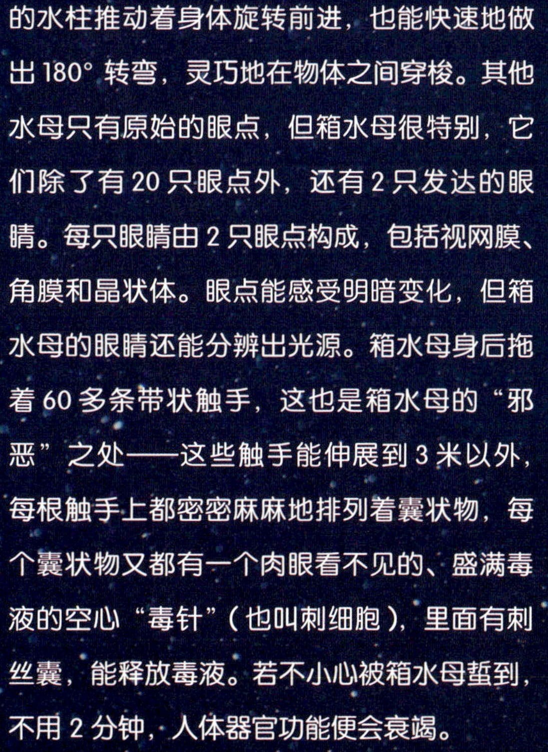

的水柱推动着身体旋转前进，也能快速地做出180°转弯，灵巧地在物体之间穿梭。其他水母只有原始的眼点，但箱水母很特别，它们除了有20只眼点外，还有2只发达的眼睛。每只眼睛由2只眼点构成，包括视网膜、角膜和晶状体。眼点能感受明暗变化，但箱水母的眼睛还能分辨出光源。箱水母身后拖着60多条带状触手，这也是箱水母的“邪恶”之处——这些触手能伸展到3米以外，每根触手上都密密麻麻地排列着囊状物，每个囊状物又都有一个肉眼看不见的、盛满毒液的空心“毒针”（也叫刺细胞），里面有刺丝囊，能释放毒液。若不小心被箱水母蜇到，不用2分钟，人体器官功能便会衰竭。

箱水母

节肢动物、软体动物和棘皮动物

节肢动物、软体动物和棘皮动物是珊瑚礁世界中的复杂无脊椎动物。在地球上所有的无脊椎动物中，节肢动物的数量有着绝对的优势。

虾

在珊瑚礁中，虾是非常常见的节肢动物之一。虾是杂食动物，但是也有很多天敌——鱼类、鸟类、章鱼等。为了保护自己，虾进化出了坚硬的外骨骼；珊瑚礁虾类则更是经常在珊瑚礁中、珊瑚礁植物中寻求庇护。

在珊瑚礁中，有一类常见且特别的虾——猬虾。珊瑚带虾为猬虾属中很有代表性的一种，它广泛生活于热带海域，头胸甲及腹部表面常有棘刺，形似刺猬；颜色鲜艳，常有红白相间的高亮条纹，故而得名。

猬虾

猬虾是“夜猫子”，白天躲在岩壁下或洞穴里，晚上才会出来觅食。它们有自己的“领地”，如果其他猬虾进入其领地，这块地的主人将“誓死”捍卫。猬虾实行一夫一妻制，在交配前，雄虾会“跳舞”求爱；而当其中一方不在了，另一方将会“忠贞不渝”，捍卫它们的爱情，不再接受第三只虾的加入。

螃蟹

螃蟹也是珊瑚礁中节肢动物的“大户”。寄居蟹是珊瑚礁螃蟹中的代表，多为红色、蓝色，身上有条纹或斑点。与其他节肢动物自带坚硬的几丁质外壳不同的是，寄居蟹“独辟蹊径”，选择主动“寄居”，通过气味寻找被遗弃的贝壳作为自己的庇护所。一旦选定了“寄居所”，它们可以整个身子“躲”进其中，外力难以强迫其“出门”。

寄居蟹

螺类

螺类是腹足纲动物，腹足纲是软体动物中种类最多的一纲。螺类具有明显的头部，多数种类体外有壳；头、足、内脏囊、外套膜均可缩入壳内。在发育过程中，它们的身体经过扭转，神经成了“8”字形，内脏器官也失去了对称性。虽然有一些种类在发育中，扭转之后又经过反扭转，神经不再成“8”字形，但在扭转过程中被破坏的器官已经“无力回天”，其内脏依然没有对称性。

螺类常常以碎石、岩屑为食，同时也捕食。当然它们也有天敌，如鸟类、鱼类、蛇、海龟等。虽然接受着珊瑚礁的庇护，但有些螺类对珊瑚礁并不友好。在法属波利尼西亚，大管蛇螺大幅度地抑制了珊瑚礁的健康生长，珊瑚骨骼的生长积累不断减少，珊瑚虫的生存率也在不断下降；同样的情况，在红海、太平洋也有出现。

乌贼

头足类动物因为足环位于头前方，所以叫头足类。足特化为腕、触腕和漏斗；足基部腹面有管状的漏斗，用以排出外套腔内的水。珊瑚礁是头足类的遮蔽所，当它们被敌人追捕的时候，可以在珊瑚礁下寻求庇护。

加勒比礁乌贼是珊瑚礁头足类动物的典型代表。它们体型较小，呈鱼雷状，鳍是波浪形，延展到了几乎整个躯干部的侧面。它们血液里面的血蓝蛋白可以帮助自身获取足够的氧气，因此流淌着冰蓝色的血。此外，加勒比礁乌贼的消化能力极强，每天可以消耗掉相当于体重的30%~60%的食物。

在生长的过程中，加勒比礁乌贼的体色和花纹会发生变化。一方面，和其他很多生物一样，它们的体色会和所处的

加勒比礁乌贼

珊瑚礁保持相近，以隐藏自己，更好地捕食或者躲避敌害。同时，它们通过向不同的色素细胞传递神经冲动——变换花纹来进行沟通交流、传递信息。有时候，它们甚至可以做到两侧的体色或花纹有明显区别。

据研究，加勒比礁乌贼是一种能“飞”的乌贼。通过肌肉运动和水的推进，它们可以“腾空”离水面约 2 米高，“飞行”约 10 米远后，再重新进入水中。

海星

海星是棘皮动物的重要代表，有很多不同的种类；它们拥有星星一般的形态，能自由活动；由周围的足（或称为腕）沿着中间的体盘环绕排列而成。海星掌握着一种很厉害的“技能”——再生。多数情况下，若它们的足（腕）或体盘受到损伤，能够自行慢慢恢复；甚至有少数海星能完成整个个体的再生。

面包海星

鱼类

在珊瑚礁中最常见的便是鱼类了，形形色色的鱼类在珊瑚之间，或者在海扇、海绵和海葵之间自由穿梭。鱼类按骨骼性质可分为软骨鱼类和硬骨鱼类。顾名思义，软骨鱼，指的是由软骨而非硬骨构成骨骼的鱼类；它们的脊椎虽部分骨化，却缺乏真正的骨骼，主要包括鲨、鳐、魟和银鲛等。硬骨鱼，是鱼形脊椎动物中最高等的一类。其分布广泛，类型众多，主要种类有鹦嘴鱼、小丑鱼、黄尾副刺尾鱼、海鳝等。

鲨鱼

作为软骨鱼类的代表，珊瑚礁海域的鲨鱼是珊瑚礁生态系统的重要组成部分。珊瑚礁海域的鲨鱼个头不算大，体长一般为 1.6~3 米；但是，它们依然“制霸”复杂的珊瑚礁生态系统，处于不可撼动的食物链顶端。经“世界自然基金会（WWF）”认证，珊瑚礁鲨鱼是地球上最重要的物种之一。

世界上一共有五种珊瑚礁鲨鱼：银鳍礁鲨、灰礁鲨、白鳍礁鲨、黑鳍礁鲨、加勒比礁鲨。

银鳍礁鲨

在五种珊瑚礁鲨鱼中，银鳍礁鲨的个头较大，也最为好斗。在食物面前，银鳍礁鲨的表现则更为凶残和强势，一旦和其他鲨鱼展开食物争夺之战，场面会十分血腥。它们最爱吃珊瑚礁中的燕魟和硬骨鱼；有时，它们甚至会吃小型鲨鱼与头足类动物。

但是，由于它们在商业上有着较高的价值，故总是被人类捕捞。人类大量的捕捞，加上它们的生育力较低，银鳍礁鲨的生存状况堪忧。

灰礁鲨

灰礁鲨，即钝吻真鲨，俗称黑尾真鲨，个头中等，其外形以简约的搭配在珊瑚礁鲨鱼中独树一帜——背鳍尖端为白色，其余鱼鳍尖端为黑色。

银鳍礁鲨

灰礁鲨

除了外表外，灰礁鲨的嗅觉能力在珊瑚礁鲨鱼之中也十分突出，这使得它们成为海洋中最出色的“猎人”之一。它们的嗅觉敏锐到即使距离很远，也可以追溯到猎物的踪迹。此外，它们喜欢成群结队地活动，在活动过程中，能迅速、灵敏地捕捉鱼群，饱餐一顿。

白鳍礁鲨

白鳍礁鲨，也叫长鳍真鲨，可以说是珊瑚礁鲨鱼中最狂放不羁的鲨鱼，它们的游动总能激起浪花，十分霸气。

白鳍礁鲨身材苗条，约 2.5 米长。它们的背鳍有着白色的尖端，身体呈灰色，十分容易辨认。对于人类来说，它们有毒，无法食用；但是近年来，白鳍礁鲨的数量仍然在锐减。它们的繁殖率低，成熟时间晚，栖息地有限，任何人类活动都有可能对它们的生存产生干扰。因此，它们被世界自然保护联盟（IUCN）认定为“极危”物种。

黑鳍礁鲨

黑鳍礁鲨，又名乌翅真鲨，多生活在印度洋、太平洋、加勒比海珊瑚礁附近的浅海区。黑鳍礁鲨的胸鳍和背鳍顶端为黑色，下部为白色。它们偏爱珊瑚礁鱼类，也会以甲壳类、头足类和其他软体动物为食。

白鳍礁鲨

黑鳍礁鲨

加勒比礁鲨

加勒比礁鲨多在美国东海岸和南边海域生活。它们的身体呈流线型，腹部是白色或者黄色，背部则是灰褐色或者深灰色，长着一张“大众脸”，眼睛比较大，而吻部更圆更短，很容易和其他种类的鲨鱼混淆。但是仔细观察会发现，它们的第二个背鳍上有一个竖起的尖端，而第一背鳍则有一定的角度，或者稍微弯曲，鳃丝也比其他珊瑚礁鲨鱼长。

加勒比礁鲨

加勒比礁鲨承担着科学、生态教育的“重任”——在巴哈马群岛，认识和了解它们被当作生态旅游教育的重要途径之一。

虽然珊瑚礁鲨鱼在珊瑚礁生态系统中威风凛凛，但是，它们的生命也会受到威胁——由于生活在近岸的浅水海域，它们常常会受到渔网的伤害，导致受伤或死亡。

黄尾副刺尾鱼

在电影《海底总动员》中，说到小丑鱼尼莫，自然会想到蓝色的多莉——黄尾副刺尾鱼，它们也叫作蓝倒吊鱼，俗称蓝唐王鱼。它们身披鲜艳的宝蓝色外衣，且有明显的黑带，背鳍与臀鳍皆为宝蓝色镶黑色宽边，尾柄与尾鳍皆为鲜黄色。

黄尾副刺尾鱼是典型的珊瑚礁鱼类，它们性格暴躁，在黄尾副刺尾鱼的字典里，“尾棘”就是天下，决定着它们在同区域海洋鱼类中的“社会地位”。尤其是雄鱼相遇时，可能会有冲突发生。此时，两条雄鱼会相互缠绕、炫耀尾棘；倘若冲突不断升级，它们体表的蓝色会发生改变，并试图用毒刺伤害对方，直到用尾鳍“教训”对手。

但是，它们也有胆小的一面。当更强大的对手来袭时，一些黄尾副刺尾鱼会躲在珊瑚的枝杈间，甚至将尾棘伸向珊瑚丛中并用珊瑚岬稳定姿态，防止入侵者把它们拖出藏身之处。一旦它们被掠食者发现，便会立即"装死"，倒在一边一动不动。

黄尾副刺尾鱼

镰鱼

镰鱼也是珊瑚礁中常见的鱼类，俗称神仙鱼。它们天生丽质，拥有许多好听的名字。由于它们又大又长的背鳍和臀鳍如三角帆一般挺拔，有小鳍帆鱼之称；从侧面看，神仙鱼游动起来如同燕子飞翔，故又称燕鱼。神仙鱼也是一种十分常见的观赏性鱼类，很多人都喜欢饲养它们。

镰鱼

海鳝

海鳝是珊瑚礁生态系统中长期镇守“一楼”的住户。白天，它们喜欢藏身在珊瑚礁或底部的洞穴中，探出头张望周边的情况；到了晚上，才出来活动、捕食。

虽然长得憨厚，但它们是十分凶猛的食肉性鱼类，具有发达、攻击性强的内颌，有自己一套异于常“鱼”的进食方法。大多数鱼类捕获猎物的时候，都会先张开嘴，

海鳝

将猎物吸进来，再用咽部的骨骼来处理它们；而海鳝捕食时，会以闪电般的速度向猎物靠近，在用前端有牙的下颌夹住猎物的同时，隐藏在咽喉后部的内颌会“弹”出来，把猎物拖入腹中。

海马

海马体形很小，最长大约 30 厘米；头呈马头状，与身体呈近直角；吻呈长管状，口小；背鳍一个，由鳍条组成；双眼可以各自独立活动。海马是小型游泳动物，虽然行动迟缓，但是依然能够在海草丛中自由穿梭游动，躲避敌害，并能高效地捕捉到行动迅速、善于躲藏的桡足类生物。

豆丁海马只有 2 厘米大小，却是海马界著名的“伪装大师”。它们已被发现的体色有红色、灰色、黄色、白色，还会随着居住的珊瑚或海扇的颜色发生变化，产生拟态；而且它们在水中移动时造成的扰动非常微弱，就如同在珊瑚群中采用了“隐身术”一般。

豆丁海马

爬行动物、哺乳动物

海龟

海龟的大半生都在海里游荡，多生活在温带浅海区域，是拜访珊瑚礁的常客。海龟多数食肉，小鱼、小虾都是它们的盘中餐；但也有少数食素，珊瑚礁边上的海草、海藻便也难逃一劫。

海龟在产卵季节最为活跃，它们通常会到岸上产卵。在繁殖季节，交配的海龟几乎不会进食，且不同的雄性海龟可能会和同一只雌海龟进行交配。雌海龟通常会把不

在珊瑚礁海域遨游的海龟

同雄性海龟的精液保存下来，这也是海龟保持自己的基因多样性及提高繁殖率的手段之一。交配期过后，雄海龟通常会回到海里，而雌海龟则会留在岸上产卵。

绿海龟是珊瑚礁中常见的海龟，体形较大，成龟背甲直线长度可达 90~120 厘米，体重可达 100 千克以上。成龟的性别很容易辨认，一般而言，雄龟的尾巴要比雌龟长很多。

绿海龟的主要食物是海草，其背甲下层的脂肪因食物中含有的叶绿素而呈绿色。然而，它的腹甲为白色或黄白色，背甲有赤棕色、含有亮丽的大花斑；远望如同一块大大的黑色圆石，因此也俗称黑龟或石龟。

绿海龟

鲸

有时候，在珊瑚礁附近，可以看到鲸庞大的身躯在自由穿梭。

鲸是一种生活在海洋、河流中的胎生哺乳动物。鲸分为两类，一类是须鲸，一类是齿鲸。须鲸的种类较少，但体型巨大，目前已知最小的种类体长也

鲸

超过 6 米。而齿鲸类的体形差异较大，最小的种类体长仅有 30 厘米，最大的抹香鲸体长 20 米以上。

和海洋哺乳动物一样，鲸拥有“水下声呐”之称，它们能产生一种十分确定的讯号，进行食物的探寻和与同伴的交流，因此，具有很重要的仿生科学价值。然而，由于环境恶化和人类的大量捕杀，许多鲸已濒临灭绝。因此，对鲸的保护，刻不容缓。

四、神奇的食物链

由于生活着大量的生物，澳大利亚大堡礁如同人类城市一样繁华，几乎永远都处于“交通高峰期”。大堡礁是个弱肉强食的世界，生命在这里不断此消彼长，每种生物在此都没有绝对的安全，都需要利用独特的生存策略来维护自身的安全以及通过觅食来供给生存下去的营养。珊瑚礁生态系统中，浮游生物是食物链的最底端，它们漂浮在海水表面，好像谁都可以欺负它们。珊瑚、海草以及浮游生物是珊瑚礁鱼类最喜欢的食物。儒艮也喜欢海草，一只体重接近半吨的儒艮，每天能吃掉 40 千克的海草，与儒艮抢夺海草的还有年幼的绿海龟。珊瑚礁鱼类是珊瑚礁中最常见的生物，它们中有猎食者也有猎物。蓝鳍鲹便是珊瑚礁鱼类的强大对手，一不小心就会命丧其口。它们是集体觅食的强大肉食动物，前一秒好像还若无其事的样子，下一秒会突然冲向珊瑚礁鱼类。蓝鳍鲹离开的速度和来时一样快，等到它们快速离开，五颜六色的珊瑚礁鱼类才得以重新聚集在一起寻找它们自己可口的美食。但鱼类也不会完全坐以待毙，就像银鱼从未放松警惕，闪闪发光的它们如同若干面镜子，形成一个不规则的巨大旋转体，以迷惑它们的攻击者，这是它们对付鲭鲨的唯一办法。

鲭鲨

蓝鳍鲹

鸟

白腹海雕

在大堡礁雷恩岛上生活着 84 种已知的鸟类，包括军舰鸟、红脚鲣鸟、红嘴巨鸥等。这些海鸟主要以鱼类为食，它们需要鲨鱼和金枪鱼的通力协助，将较小体积的鱼赶到海面上，从而能够饱餐一顿。别看鳄鱼看起来凶猛，体型巨大，有一种鸟能轻易地抓走一只幼鳄，那就是白腹海雕，澳大利亚的第二大雕，它们在环礁湖周围随处可见，还是捕鱼高手。

红嘴巨鸥

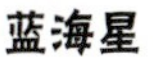

蓝海星

捕食中的鸡心螺

章鱼

到了夜晚，一些新角色悄然登台。章鱼游出洞穴，悄悄接近猎物。蓝海星在夜间伸出几千条触手，从富含浮游生物的水流中滤食。鸡心螺非常善于捕杀鱼类，常常在夜间袭击睡着的鱼类，当它们接近猎物时会释放可以麻痹神经的化学物质，让猎物无处可逃。人们都认为鲨鱼是强大的猎手，其实到了晚上，珊瑚也是捕猎者。白天的珊瑚也许像慵懒的植物，但夜间它们将变成活跃的猎手，会迅速截下水流中的微型生物，用刺状的触手紧紧抓住猎物。

人类与珊瑚礁

一、珊瑚礁用途

对于海洋环境来说，珊瑚礁群落是维持其生态平衡的调节器；对于人类来说，珊瑚礁群落是悦人眼目的观赏景点，珊瑚是大自然的馈赠，与人类的生活息息相关。

竞相追捧的装饰工艺品

珊瑚颜色鲜艳、质地坚硬，可以通过加工成为装饰品和工艺品，具有很高的美学价值。

珊瑚常被人们作为饰品佩戴在身上，还被赋予辟邪、保平安以及强身健体的寓意。其中，红珊瑚自古以来便大受人们欢迎——早在新石器时代，红珊瑚就被打磨成简单的小饰品；汉代，美人赵飞燕以红珊瑚为饰品，显得尊贵无比；到了“美人醉赠珊瑚钗”的唐代，红珊瑚还被打磨雕刻成发钗，掀起唐代贵族女性佩戴的潮流；那时候皇帝祭祀时佩戴的珊瑚朝珠，更是红珊瑚的美学价值及高贵美好的寓意相结合的最好证明；在清代，王公大臣、达官贵人的服饰中，红珊瑚多用作配饰，象征“财富和地位”……时至今日，红珊瑚项链、手串等饰物依旧被人们热烈追捧。

珊瑚首饰

此外，红珊瑚作为工艺品，也深受人们喜爱。汉代《西京杂记》中有述：“积草池中有珊瑚树，高一丈二尺，上有四百六十二条，是南越王赵佗所献，号为烽火树，至夜光景，常欲燃。”南朝的《世说新语》中记载了“石崇斗富”的故事，石崇家中抬出的六七株“条干绝世，光彩夺目”的红珊瑚，使国舅王恺在斗富中甘拜下风；唐代文人

珊瑚工艺品

用红珊瑚制作的笔砚、架子和珊瑚钩便叱咤江湖……红珊瑚作为工艺品，在漫漫历史长河的多个场合中展现了其独特的风采。

珊瑚首饰

宝贵的药用价值

珊瑚的药用价值在我国古代典籍中早有记载。400多年前，李时珍的《本草纲目》中有云，珊瑚有“去翳明目，安神镇惊”的功效;《唐本草》中也提到，珊瑚有明目、止血、安神等作用。

随着科学技术的发展，人们发现珊瑚在医药方面的更多作用。20世纪80年代，科学家发现珊瑚中含有高等动物所具有的前列腺素，可治疗溃疡、动脉硬化、高血压、冠心病等疾病。20世纪90年代末，科学家从珊瑚中提取了一种新物质，它可以通过改变癌细胞的染色体来抗癌。随着近代医学的发展，科学家在对珊瑚的主要成分——碳酸钙进行处理后，使其变成与人体骨骼相似的磷酸钙，用来修补人体骨骼，如用于不留伤疤的外伤修复手术和牙齿种植。更为神奇的是，人的新生血管能随着造骨细胞一起在植入体内的珊瑚的孔隙里生长，这有助于骨折的迅速恢复。

提供鲜美营养的水产品

珊瑚礁常常分布在营养丰富的海域，依赖珊瑚礁生存的许多可食用鱼类、藻类都具有很高的营养价值。

海参作为四大海珍品之一，是一类非常重要的喜礁动物，经常栖息在礁坪、礁块、有海草的珊瑚砂或者珊瑚缝隙中。它们体壁厚实、有韧性，属于珊瑚礁中的底栖动物。除此以外，许多具有商业价值的鱼类都由珊瑚礁提供食物来源及繁殖的场所；珍珠、麒麟菜、石花菜和江蓠等均在礁坪上养殖。

重要的工业用途

珊瑚礁是海洋中的“煤老板”，拥有着丰富的油气资源。珊瑚礁及其潟湖沉积层中，有多种矿物资源，包括铝土矿、锰矿、磷矿等，而粗碎屑岩中发现有铜、铅、锌等多金属资源，这些丰富的宝藏都为人类的生产发展、经济腾飞提供了巨大的帮助。

作为以碳酸钙为主体、富含多种有机物质的礁体，珊瑚礁还是强大的“工业原料供应商”。珊瑚礁形成的珊瑚灰岩可作水泥的原料，在人类的工业生产中举足轻重。

人工养殖的麒麟菜

生态系统的“造福者”

珊瑚礁是海岸忠诚的“卫士”，能保护脆弱的海岸免受海浪侵蚀。健康的珊瑚礁“身强力壮”，如同自然的防波堤，面对海浪的冲击毫不畏惧，能削弱或者吸收海浪70%~90%的冲击力。

同时，珊瑚礁是勤劳的“修剪工”，具有修复海岸的技能。死去的珊瑚会在波浪的作用下分解成细沙，这些细沙进入岸边海滩成为其中的一部分；既丰富了海滩的多样性，又取代了被海浪冲走的沙粒，维持海滩的沙量。

此外，珊瑚礁生物的物种丰富度极大，整个生态系统中的各部分紧密联系、共同发展，在互利共生、捕食、竞争等关系中共同进化，对于保护、维持地球上的生物多样性有重大的意义。

科学家的“心头宝”

“海底城市”珊瑚礁是个包罗万象的地方，“人口”多元，其丰富的物种多样性为海洋科学、海洋生物的研究提供了充足的原材料和原始案例。

海底生物

科学家们通过潜入海中，亲自造访珊瑚礁、采集珊瑚样品、构建相关实验模型，进行有关珊瑚礁中生物的共生关系、珊瑚礁物种的生长繁殖、海洋药物、海洋生物基因等的研究。

“财富小王子”

作为拥有天然“彩妆”、被众多美丽生物簇拥的“海洋明星”，珊瑚礁更是一种难得的同时肩负旅游及环境教育功能的资源。愈来愈多的潜水观光客在全球各地寻找原始珊瑚礁，保护性开发珊瑚礁观光成为一个兴盛的产业。

此外，很多珊瑚及珊瑚礁鱼类已经走进千家万户——只要控制好光照、盐度、温度、水流速度等条件，许多观赏性珊瑚及珊瑚礁鱼类均可成为日常生活中一道亮丽的色彩。

二、珊瑚礁危机

“海中热带雨林”珊瑚礁，虽然总面积不到海洋总面积的千分之二，却养育着全球约四分之一的海洋生物；它们如同海底长城，筑起牢固的防线，减少来自海浪的冲击力；珊瑚虫在造礁过程中，通过光合作用吸收大量二氧化碳，帮助减轻温室效应；珊瑚礁作为水底世界的“美貌担当”，每年都为当地带来很高的旅游等商业收入。

然而，它们现在却因为人类活动、环境变化等原因面临严重的生存危机。

如此“美白”

近年来，色彩斑斓的珊瑚礁逐渐“被美白”，显现出苍白易碎的病态。

前面提到，珊瑚礁展现出来的绮丽色彩与体内的虫黄藻有关。虫黄藻对生存环境十分“挑剔”，它们适宜生长在 22℃ ~33℃的温暖海水中，需要有一定的盐度及充分的阳光来支持光合作用。当水温、光照、营养盐、海洋酸度等因素发生变化时，虫黄藻可能会死亡或被迫离开珊瑚礁。此后，珊瑚礁的色素蛋白会被破坏，透过透明的组织层显示出白色的珊瑚骨骼，珊瑚礁的生命也将走到终点。

珊瑚礁白化

珊瑚礁的白化还对其他生物造成威胁，很多生物会失去它们的食物来源、居住场所，如珊瑚礁鱼类会因为无从躲匿而更容易被捕获，栖息于珊瑚礁上的珍稀动物，如巨型绿海龟和儒艮也会面临灭绝的境况。

人类对珊瑚礁的伤害

气候变化、海洋酸化、径流污染、海岸带发展、过量捕杀生物、飓风……这些都是引起珊瑚死亡的重要因素。虽然这些因素有的来自不可抗拒的自然变化，但更多的可以追根溯源到人类活动上。

人类的很多不合理行为，都直接或间接地威胁到珊瑚礁的生存：为了制作装饰品、工艺品，非法打捞珊瑚，导致其死亡；过度的观光开发，对珊瑚礁本身及周围环境造成了一定的影响；水产品的过度捕捞，使很多草食性珊瑚礁鱼类数量下降，生长迅速的海藻、海草覆盖珊瑚表面，与珊瑚争夺地盘、阳光和氧气，加速珊瑚礁死亡；生活、农业、工业等污水的排放，造成近海海水富营养化、浮游动植物密度上升，海水变得浑浊，将珊瑚礁逼向死亡；此外，人工灯光造成的光污染、核电站排出的水带有大量的热造成的热污染、近海植被的破坏和建筑垃圾的流入覆盖珊瑚礁等，均造成了珊瑚礁的死亡。

一起行动，迫在眉睫

全球珊瑚礁大面积白化死亡、海洋生态系统平衡被破坏、珍稀动物濒临灭绝，人们再也无法忽视由于不合理行为而带来的严峻问题。大到国家政府，小至每个公民，都应该为保护珊瑚礁而积极行动起来。

国家需要完善相应的法律法规，健全保护区管理体系，强化各项监管措施，加大保护和管理力度，真正发挥保护珊瑚礁的作用；同时，要加强对公民保护环境的宣传教育，严厉惩治油污排放、固体垃圾随意倾倒、盗采珊瑚、滥杀海洋生物等违法行为。

对每个公民而言，需要把保护生态环境的意识渗透到日常生活中，具体到一些力所能及的小事上：“没有买卖就没有杀害”，我们应减少对珊瑚饰品和工艺品的消费；若在珊瑚礁景区游玩，不制造垃圾，也不伤害珊瑚；不吃苏眉鱼等珍稀鱼类……

保护海洋从保护珊瑚礁做起，保护珊瑚礁从你我做起。只有国家、社会和每个公民都积极行动起来把保护珊瑚礁落到实处，才能尽早恢复和维持五彩斑斓、生机盎然的珊瑚礁海底世界。

图书在版编目（CIP）数据

探访珊瑚礁 / 盖广生主编. — 青岛 ：中国海洋大学出版社，2019.12

（珊瑚礁里的秘密科普丛书 / 黄晖总主编）

ISBN 978-7-5670-1592-0

Ⅰ. ①探… Ⅱ. ①盖… Ⅲ. ①珊瑚礁－青少年读物 Ⅳ. ①P737.2-49

中国版本图书馆CIP数据核字(2019)第289081号

探访珊瑚礁

出 版 人	杨立敏		
出版发行	中国海洋大学出版社		
社　　址	青岛市香港东路23号	邮政编码	266071
网　　址	http://pub.ouc.edu.cn	订购电话	0532-82032573（传真）
项目统筹	邓志科	电　　话	0532-85901040
责任编辑	孙宇菲	电子信箱	1193406329@qq.com
印　　制	青岛海蓝印刷有限责任公司	成品尺寸	185 mm × 225 mm
版　　次	2019年12月第1版	印　　张	11.125
印　　次	2019年12月第1次印刷	字　　数	150千
印　　数	1 ~ 10000	定　　价	29.80元

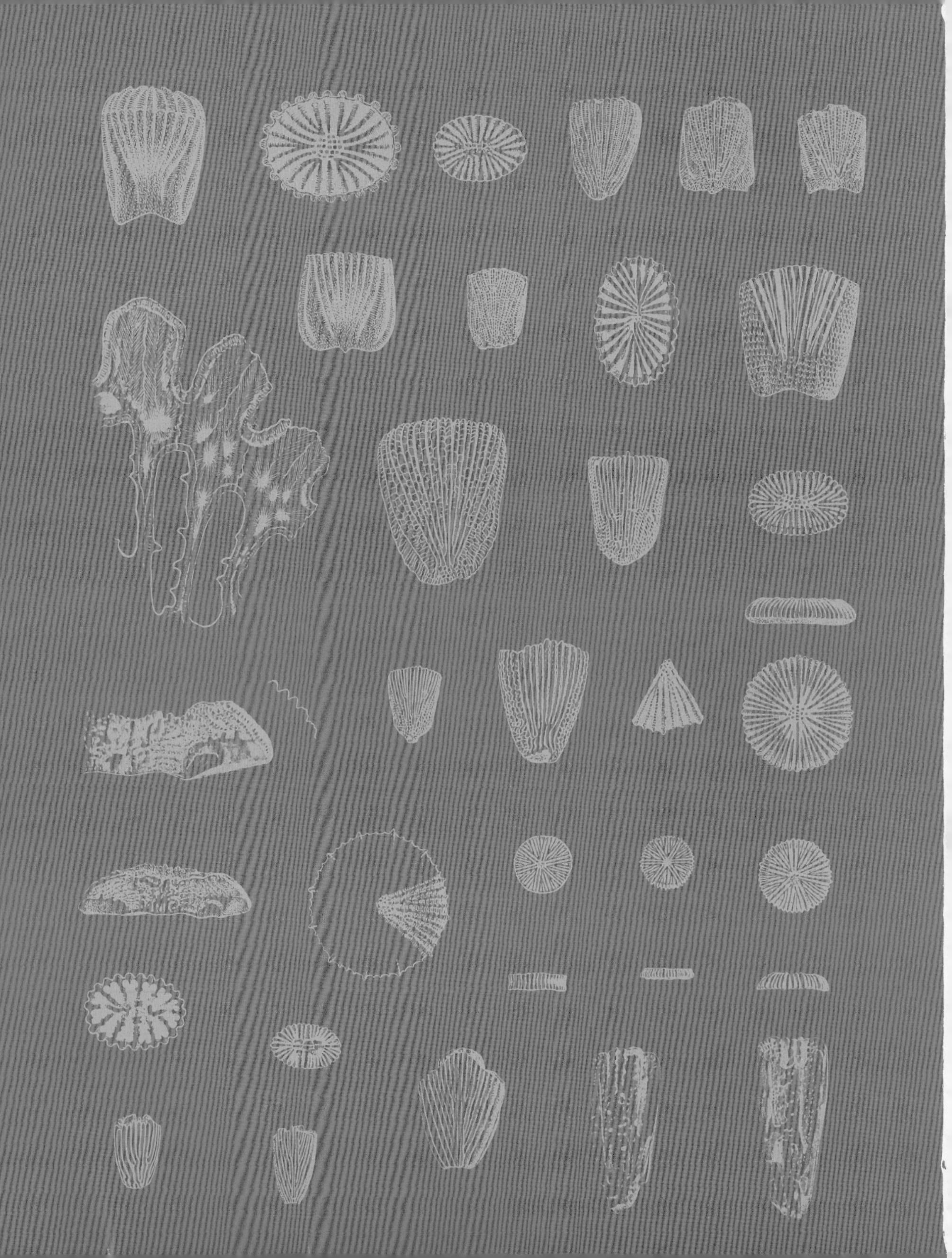